RENGONG ZHINENG KAIYUAN YINGJIAN YU
TUXINGHUA BIANCHENG

人工智能开源硬件与图形化编程

主 编　刘 琴　高书平　徐 明
副主编　刘海龙　曾炜杰　段艳华　黄智贤

重庆大学出版社

内容提要

本书参考《义务教育信息科技课程标准（2022年版）》，强调科学属性与技术属性并重，将人工智能与编程教育相结合，从学生生活和兴趣出发，选取人工智能典型应用场景设计教学案例。每个模块设置若干实践任务，学生通过动手实践掌握人工智能技术的应用方法，并能够解决实际问题。本书选取与学生生活相关的主题进行设计，激发学生兴趣；组织相关的人工智能知识学习，设置具体任务推动学生对人工智能技术进行体验、学习和创新应用。本书可作为国家课程的配套拓展教材或校本教材，有助于提升学生动手实践、运用知识解决实际问题的能力。

图书在版编目（CIP）数据

人工智能开源硬件与图形化编程 / 刘琴, 高书平,
徐明主编. -- 重庆 : 重庆大学出版社, 2025. 4.
(人工智能丛书). -- ISBN 978-7-5689-4891-3

Ⅰ. TP18

中国国家版本馆CIP数据核字第20256SN003号

人工智能开源硬件与图形化编程

RENGONG ZHINENG KAIYUAN YINGJIAN YU TUXINGHUA BIANCHENG

主　编　刘　琴　高书平　徐　明

副主编　刘海龙　曾炜杰　段艳华　黄智贤

责任编辑：秦旖旎　　版式设计：秦旖旎

责任校对：谢　芳　　责任印制：张　策

＊

重庆大学出版社出版发行

社址：重庆市沙坪坝区大学城西路21号

邮编：401331

电话：(023) 88617190　88617185（中小学）

传真：(023) 88617186　88617166

网址：http://www.cqup.com.cn

邮箱：fxk@cqup.com.cn（营销中心）

全国新华书店经销

印刷：重庆永驰印务有限公司

＊

开本：787mm×1092mm　1/16　印张：10.5　字数：172千

2025年4月第1版　　2025年4月第1次印刷

ISBN 978-7-5689-4891-3　定价：45.00元

　　近年来，人工智能突飞猛进的发展深刻改变着人们的生活、改变着世界，引起了全社会的高度重视。人工智能成为国际竞争的新焦点和经济发展的新引擎，加快培养人工智能创新人才是重中之重。早在2017年，国务院发布的《新一代人工智能发展规划》中明确提出，要在中小学阶段设置人工智能相关课程，逐步推广编程教育，探索中小学人工智能教育实施途径，培育学生的人工智能素养。2022年，教育部印发的《义务教育信息科技课程标准（2022年版）》进一步明确了将人工智能作为课程内容的重要性。2024年底，教育部发布《教育部部署加强中小学人工智能教育》，提出要探索中小学人工智能教育实施途径，加强中小学人工智能教育。

　　国家推动人工智能教育的一系列举措出台后，中小学人工智能课程的建设成为热点。然而，中小学人工智能教学实践中还存在诸多实际问题，主要体现在：人工智能技术涉及范围广，数据建模方法比较深奥，相关理论及算法知识远远超出了中小学阶段的知识体系，学生理解起来难度大，推理应用上同样存在困难；多数课程理论知识占比太高，脱离中小学生的生活实际，或者将大学的教学内容直接搬到中小学，适合青少年的内容少之又少，不利于学生学习；最为突出的是，在实践参与方面，很多课程对器材、计算资源、网络、师资等教学条件要求高，需要投入的经费多，而且少与中小学生普遍熟悉的Scratch、Mixly、MicroPython等图形化编程或Python编程工具结合，不利于教学开展；还有，教学内容上缺乏实践任务设计，缺乏人工智能开源硬件的运用，不利于学生体验和实践以及学习兴趣的激发与保持。

　　青少年的人工智能教育重在培养以数据为中心的人工智能思维，普及编程教育，提升人工智能实践能力。针对当前中小学人工智能教育中存在的迫切问题和现实需求，深圳市徐明工作室团队基于"做中学"理念设计了普及性的人工智能教育课程，自主开发了人工智能图形化及Python编程库，将人工智能开源硬件与编程相结合，开展项目式学习，解决实际问题，完成了青少年人工智能教育课程群的设计。该课程在小学、初中及高中均取得了突出的教学成果，有利于学生深度体验人工智能技术并且运用人工智能技术进行实践操作，并入选了2023年第六届中国教育创新成果公益博览会（以下简称"教博会"）。

　　本书是入选教博会成果中的一部分，根据小学及初中低学段学生的认知特点，结合人工智能开源硬件设计图形化编程课程，方便学生体验人工智能技术和运用语音识别及人机交互、计算机视觉、智能感知等人工智能技术进行实践，利用自主开发的机器学习、卷积神经网络、模型推理等人工智能算法库进行编程，解决实际问题，培养学生从数据中学习的思维方式和应用能力。本书利用开源人工智能硬件、编程库和图形化编程环境，设计教学案例和实践任务，将学习人工智能技术的难度降到最低，也节省经费，有利于推动人工智能教育的普及，促进教育公平和可持续发展。

　　本书参考了《义务教育信息科技课程标准（2022年版）》，强调科学属性与技术属性并重，将人工智能与编程教育相结合，从学生生活和兴趣出发，选取人工智能典型应用场景设计教学案例。每个模块设置若干实践任务，学生通过动手实践掌握人工智能技术的应用方法，并能够解决实际问题。本书选取与学生生活相关的主题进行设计，激发学生兴趣；组织相关的人工智能知识学习，设置具体任务推动学生对人工智能技术进行体验、学习和创新应用。本书可作为国家课程的配套拓展教材或校本教材，有助于提升学生动手实践、运用知识解决实际问题的能力。

　　课程开发及教材编写任务由深圳市徐明工作室承担，该团队于2015年初由深圳市教育局批准成立，由智能教育专家以及中小学人工智能教育骨干教师组成。课程于2019年完成开发,在一批学校进行了教学实践,多所学校选取整个年级开展大班制普及教育。通过几轮的课堂观察、教学评价及教学反思,团队发现了课程设计、教学方式中的不足,对课程内容、技术运用以及活动设计进行了改进和完善,形成了若干优秀案例。特别是为了适应人工智能技术的快速发展,课程团队不断改进自行开发的图形化编程AI算法库,集成在Mixly等国产图形化编程工具中,丰富教学资源及案例,进行了多轮课程迭代,方便学生及时体验人工智能新技术,帮助学生取得了一批科创成果。

课程依托人工智能开源硬件与自主设计的图形化编程库,易于学习和迭代,成本低,便于普及。课程已在中小学校进行过深入的教学实践,配套的编程案例和拓展任务经过一线教师的多轮验证和总结,形成了一批人工智能项目式学习案例,并在国内青少年人工智能教育活动中得到推广。本课程及教材有助于在学生中逐步开展AI体验及感知、AI技术运用、AI创新实践活动,培养学生的计算思维、人工智能思维以及实践创新能力,推动人工智能教育的普及。

本书由刘琴(深圳中学龙岗学校)、高书平(中澳实验学校)和徐明(深圳大学)担任主编,刘海龙(信阳学院)、曾炜杰(龙西学校)、段艳华(广寒寨乡九年一贯制学校)、黄智贤(中澳实验学校)担任副主编。具体编写分工情况如下:刘琴编写项目1、2、7、8、9、12、13、14,刘海龙编写项目3、4、5、6、10、11,段艳华编写项目15,高书平编写项目16。高书平、曾炜杰、黄智贤完成了课程案例的设计和配套资源的制作。史大江、罗伟源为课程案例的设计提供了技术支持。全书由徐明策划、统稿并审定。

由于编者水平有限,书中难免会有疏漏和不足之处,敬请读者批评指正。

编　者

2023年12月

目 录

初识人工智能

1

◇了解人工智能的概念及其在生活中的应用。

◇认识OpenAIE启蒙硬件的功能。

◇学习Mixly图形化编程软件的功能和积木模块搭建的方法。

◇掌握使用Mixly图形化编程软件编写、上传、运行程序的方法。

📺 情景与任务

　　2022年北京冬奥会成功举办，北京成为举办冬季、夏季奥运会的"双奥之城"。从2008年提出"科技奥运"伊始，2022年的北京冬奥会科技创新的底色更为浓厚，人工智能等新一代技术应用于表演、疫情防控、赛事训练、安全保障、能源、赛事辅助、后勤支持等多方面。如运用机器学习技术搭建的AI评分系统作为"AI裁判"，不仅帮助运动员在赛前提升训练水平，同时在比赛中辅助人类裁判进行更加科学的评分；无人接驳、自动泊车、无人无接触配送等智能车技术应用在冬奥会场景中，满足不同人群赛事中的需求，带给人们高效、可靠的体验；AI手语主播采用语音识别、自然语言处理等人工智能技术，可实时将文字及音视频翻译为手语，帮助听障人士方便、快捷地获取关于奥运赛事的比赛资讯（图1.1）。

图1.1　AI技术辅助赛事裁判

　　人工智能就是研究、开发用于模拟、延伸和扩展人的智能的理论、方法、技术及应用系统，其研究领域包括语音识别、语音合成、自然语言处理、图像识别、人脸识别、目标跟踪、体感识别、生物特征识别、机器学习等。人工智能技术早已渗入人们生活的方方面面，让我们一起走进人工智能世界，探究人工智能的奥秘。

🧪 设计与实践

　　本章将基于Mixly图形化编程软件及OpenAIE启蒙硬件来探索人工智能的奥秘，并通过3个任务来进行实践。

　　任务1：认识Mixly图形化编程软件；

　　任务2：认识OpenAIE启蒙硬件；

任务3：编写第一个作品——点亮LED补光灯。

任务1：认识Mixly图形化编程软件

Mixly是一款国内自主研发、绿色开源、自主可控的图形化编程软件，具备简单、易用、普适、延续等特性，支持第三方开发扩充编程库，可适配连接各种开发板，为中小学创客教育与人工智能教育提供了丰富的支持。

Mixly图形化编程软件免安装，将压缩文件解压之后就可以直接使用。解压后，文件夹中的内容如图1.2所示。

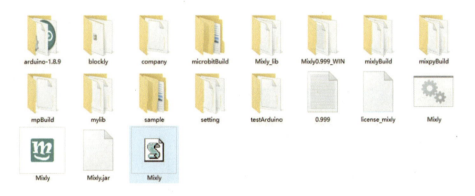

图1.2　解压后的Mixly文件

在文件夹中，双击 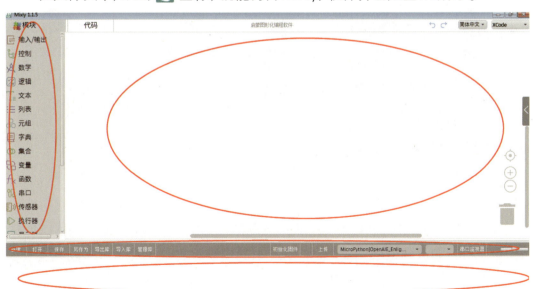 图标，就能打开Mixly，软件界面如图1.3所示。

图1.3　Mixly软件界面基本情况

模块区：位于软件界面左侧，包含了Mixly中所有能用到的程序模块。根据功能的不同，大概分为以下几类：输入/输出、控制、数学、逻辑、文本、列表、元组、字典、集合、变量、函数、串口、传感器、执行器、显示器、OpenAIE启蒙。每种类型的模块点开后均有对应的程序语句集合。

其中，OpenAIE启蒙模块包含了适配OpenAIE启蒙硬件开发拓展的图形化编程库（图1.4），支持通过图形化编程对OpenAIE启蒙硬件上集成的传感器、执行器、人工智能算法等功能的调用。OpenAIE启蒙编程库提供了板载硬件端口、按键、LED灯、串口、摄像头等调用控制，语音识别及交互编程接口、图形显示等功能，可实现颜色识别、形状识别、图像分类、人脸检测、目标跟踪等应用。

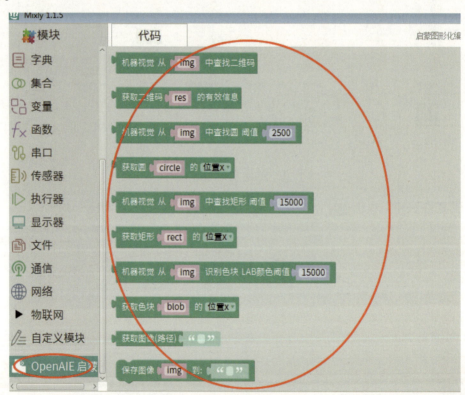

图1.4 启蒙图形化编程库

程序构建区：模块区的右侧是程序构建区，按住鼠标左键拖住模块区的模块，可以将它们放到程序构建区，拖拽过来的模块会在这里组合成一段具有一定逻辑关系的程序块。在这个区域的右下角有一个垃圾桶，想要删除模块时，将其拖入垃圾桶中即可。在垃圾桶上方有3个圆形的按钮，能够实现程序构建区的放大、缩小和居中。

基本功能区：位于模块区和程序构建区的下方，包含新建、打开、保存、另存为等菜单按钮，右侧还包含硬件编程软件中用到的编译、上传、控制板选择、连接端口选择即COM端口选择，以及串口监视器。其中，COM端口选择显示人工智能开源硬件与计算机连接的端口使用串口程序语句，串口监视器在上传程序后点击它，可以观察程序返回的数据。

信息显示栏：显示程序编译或上传的状态信息，可以通过提示信息来解决编译或上传中出现的一些问题。

在开始具体的程序学习之前，先来了解一下Mixly中模块的用法。点开各个模块，发现每个模块要么多一块，要么少一块，都不是正规的长方形。这点不同就表示模块属于哪种类型，是以什么形式放在程序块中的。模块整体的外观设计遵循从上往下、左出右入的原则；在形状方面，上方是三角形的缺口称为上连接口，下方是三角形的凸起称为下连接口，左侧是拼图样式的连接凸起，右侧是拼图样式的连接缺口。

以控制分类中的循环结构模块来做个简单的说明。它是一种半包围形状的模块，这种模块通常是表示程序分支结构的模块，模块中可以包含一段程序块；另一种是内部可包含其他数值输出类型的模块。

图1.5为图形化模块连接组合示意图，红色箭头所指为上连接口，说明模块能够连接到有下连接口的模块；蓝色箭头所指为下连接口，说明模块能够连接到上方有上连接口的模块；模块右侧有一个拼图样式的连接缺口，表示模块右侧能够连接一个左侧有拼图样式连接凸起的模块，用来连接设置参数或条件，参数可以是数字、表达式、文本内容等。半包围结构用来放置执行程序积木，包括但不限于请求获取数据、执行传感器命令、显示文本内容等。

图1.5　图形化模块的连接组合

任务2：认识OpenAIE启蒙硬件

OpenAIE启蒙硬件（图1.6）是一款支持中小学生进行创客与人工智能作品设计的智能硬件，能够实现计算机视觉检测、语音识别与交互等智能体验，支持图形化积木编程与Python语言编程。该硬件集成了多种传感器与执行器，并且固化了支持图形化编程的OpenAIE启蒙编程库，支持使用Mixly图形化编程软件拓展OpenAIE编程库进行创作实践。

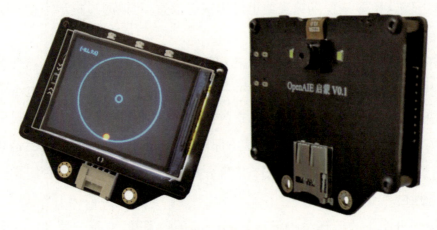

图1.6　OpenAIE启蒙硬件的外观

OpenAIE启蒙硬件的主要技术参数如下：

● 采用ARM Cortex-M0+双核处理器，主频为133 MHz；

● 板上存储为8 MB Flash及264 KB SRAM；

● 2.4英寸（1英寸=2.54厘米）LCD显示屏，分辨率为320×240，为IPS全视角液晶显示屏；

● 板载两个按键、无源蜂鸣器模块；

● 对外提供8个Grove标准接口（HY2.0-4P），支持UART/I2C/ADC/GPIO工作模式；

● 编程语言可以选用Python或图形化编程。

OpenAIE启蒙硬件具体集成了按键组、姿态传感器、光照强度传感器、补光灯、蜂鸣器、LED灯、彩色显示屏、摄像头等电子模块，且支持语音识别和计算机视觉识别等功能。具体的OpenAIE启蒙硬件板载功能及板载示意，见表1.1和图1.7。

表1.1　OpenAIE启蒙硬件板载功能

类别	模块	功能
输入类	按键组 （元件1）	按键是一种电子开关，其内部结构是依靠金属弹片受到压力变化来实现通断的，硬件集成双按键，分为左按键和右按键，支持使用编程软件编程进行单个或组合控制，实现多种开关控制效果
	光照强度传感器 （元件10）	光照强度测量单元，测量范围1~65 535 lx（勒克斯）
	彩色摄像头 （元件5）	200万像素彩色摄像头，连续获取图像帧
	语音识别拾音麦克风 （元件12）	为实现语音识别功能拾音
输出类	白光LED（补光灯） （元件6）	单色LED补光灯，工作时能够对摄像头进行有效补光，同时可以通过编程单独控制
	RGB彩色LED灯 （元件8）	3颗彩色LED灯，支持RGB颜色格式，并通过调整R值、G值、B值调节LED灯颜色与亮度大小
	彩色显示屏 （元件9）	彩色显示屏，支持显示中英文文本、数值、图像帧等，支持通过海龟画图绘制多种图形
	无源蜂鸣器 （元件11）	将电信号转换为声音信号，可通过不同频率发出不同声调的声音，支持编程单独控制
	姿态传感器 （元件15）	惯性测量单元，内含三轴加速度计和三轴陀螺仪，支持测量加速度与角速度值
其他	SD卡槽 （元件7）	支持SD卡，扩充人工智能算法
	SB-Type-C数据接口 （元件2）	连接电脑与硬件，上传程序等

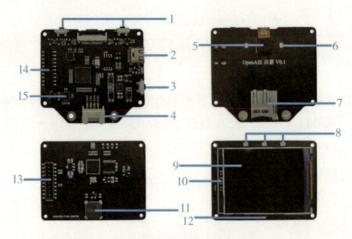

图1.7　OpenAIE启蒙硬件的板载元器件

任务3：编写第一个作品——点亮LED补光灯

OpenAIE启蒙硬件控制板上有LED白色补光灯，编写第一个程序，将补光灯点亮吧。

步骤1　搭建补光灯程序。将鼠标移到执行器模块区，将补光灯积木拖到脚本区，并设置参数为30，如图1.8所示。

步骤2　连接OpenAIE启蒙硬件控制板与Mixly编程软件。使用Type-C数据线将其一端与启蒙模块连接起来，如图1.9所示，另一端连接至计算机USB端口。

图1.8　补光灯积木　　　图1.9　使用Type-C数据线将启蒙板与计算机连接

步骤3　检查COM端口，判断连接是否成功。如果无显示或者显示COM1，则表示连接不成功；如果端口显示有COM+数字，则表示连接成功，选择该端口使用即可，如图1.10所示。

步骤4　上传程序。单击"上传"，将程序上传至连接成功的启蒙模块，信息显示栏如图1.11所示，即表示程序上传成功。

图1.10 检查COM端口连接情况

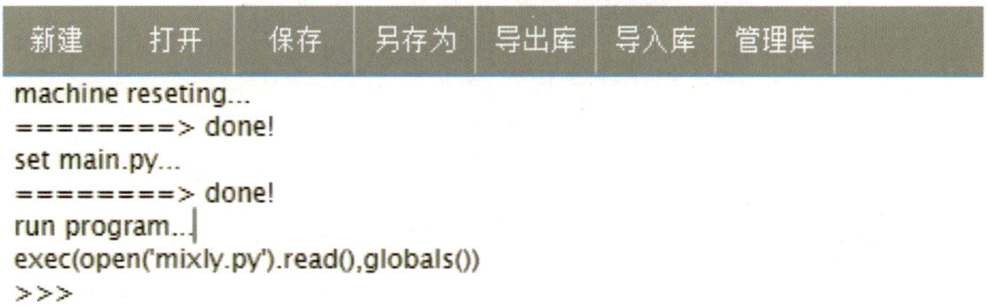

| 新建 | 打开 | 保存 | 另存为 | 导出库 | 导入库 | 管理库 |

```
machine reseting...
=======> done!
set main.py...
=======> done!
run program...|
exec(open('mixly.py').read(),globals())
>>>
```

图1.11 上传程序

🎨 拓展阅读

应用OpenAIE启蒙硬件，通过图形化编程软件编写程序，使用数字化设计制造工具，如激光切割机、3D打印机，可以制作出具有人工智能技术特色的创意作品。相关应用案例介绍如下：

"川剧变脸"机器人，结合中华优秀传统文化——川剧变脸与当代人工智能技术——人脸检测，内置丰富的川剧角色脸谱，手掌轻轻在脸上一挥，就能实现智能变脸，如图1.12（a）所示。

智能语音垃圾分类装置，利用OpenAIE启蒙硬件的语音识别功能，使用"有害垃圾""可回收物""厨余垃圾""其他垃圾""电池""玻璃"等关键词控制不同类别的垃圾桶，方便、快捷地进行垃圾分类，如图1.12（b）所示。

基于颜色识别的餐厅结算装置，利用人工智能技术，在无人值守的情况下根据颜色的不同自动统计并计算每人所取餐食的价格，提高结算效率，如图1.12（c）所示。

（a）"川剧变脸"机器人

（b）智能语音垃圾分类装置

（c）基于颜色识别的餐厅结算装置

图1.12　基于OpenAIE启蒙硬件设计的AI特色作品

📝记录成长

通过本项目的学习，你有哪些收获呢？在表中记录下来。

学习的内容	完成度
了解人工智能概念及其在生活中的应用	☆☆☆☆☆
知道OpenAIE启蒙硬件的功能	☆☆☆☆☆
掌握Mixly图形化编程软件布局和积木模块搭建过程	☆☆☆☆☆
学会Mixly图形化编程软件编写、上传、运行程序等功能	☆☆☆☆☆
能够完成点亮补光灯的编程任务	☆☆☆☆☆
其他收获：	

闪烁的 LED 灯

▣ 学习目标

◇了解闪烁的LED灯的工作原理。

◇掌握控制模块循环语句、延时语句、条件语句的使用方法。

◇掌握传感器模块按键组的使用方法。

◇能够编写程序，结合OpenAIE启蒙硬件来实现LED灯的闪烁效果。

🖥 情景与任务

中国共产党成立100周年之际，深圳特区上演了一场主题灯光秀，其以城市中心的建筑地标与城市楼宇空间配合，通过智能的控制方法和创新的视觉手段，打造了一场场灯光视觉盛宴。这些灯光忽明忽暗，颜色千变万化，组成一幅幅漂亮的画面。如何控制并实现这些效果呢？让我们一起来探究吧！

灯光秀设计的基本原理就是实现对一个个点光源的发光控制。一个点光源可以是一个彩色LED灯，一个点光源阵列就形成一个完整的画面。通过编程可以控制一个彩色LED灯的亮灭、发光颜色及亮度变化，依次对点光源阵列里的每一个LED灯进行编程控制，就可以实现七彩渐变、跳跃、扫描、流水等全彩光效，还可以实现各种图案、文字、动画、影像等显示效果（图2.1）。掌握了LED灯的编程控制方法就可以进一步探索灯光秀的奥秘。

图2.1　灯光秀情景

🧪 设计与实践

一、图形化编程常识

按键的机械抖动：通常的按键所用开关为机械弹性开关，一般机械式按键是由两个金属片和一个复位弹簧组成，按键按下时，两个金属片便被压在了一起。由于机械触点的弹性作用，按键在闭合及断开的瞬间均伴随一连串的抖动。按键抖动会引起一次按键被误读多次，为了确保CPU对按键的一次闭合仅作一次处理，必须消除抖动。

消除抖动的方法有硬件和软件两种。硬件方法常用RS触发器电路，这里不予深究。软件方法是当检测出按键闭合后执行一个10~20 ms的延时程序，再一次检测按键的状态，如仍保持闭合状态，则确认真正有按键按下（图2.2）。

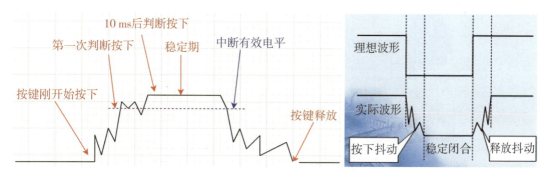

图2.2　消除抖动的方法

数值常量：常量是指在程序运行过程中其值不能改变的量。常量分为直接常量和符号常量。直接常量分为整型常量、实型常量（采用十进制小数形式和指数形式表示）、字符常量和字符串常量。通常把整型常量和实型常量合称为数值常量。例如，小明今年10岁了，身高1.55 m，其中"10"即为整型常量，"1.55"即为实型常量。

注释：注释主要用于解释说明代码，提升代码的可读性，在程序编译或解释时，不会被计算机执行，如图2.3所示。选中编程模块，单击"添加注释"即可为程序添加注释。

延时：因为CPU处理数据的速度特别快，所以一般用延时来等待反应。延时的作用就是让数据正确处理，让程序正确执行。例如，图形化程序中有延时模块（图2.4），单位为秒、毫秒和微秒，编程时常用秒和毫秒。

图2.3　延时图形模块　　　　图2.4　延时语句的设计

顺序结构：顺序结构（图2.5）是程序设计中最简单、最基本的结构。对于顺序结构的程序设计，只需要根据问题解决的步骤依次编写程序代码即可。

循环结构：循环结构会反复执行某一部分操作，此结构中还会有一个判断框用来决定是否跳出循环结构，如图2.6所示。循环结构是一种十分重要的程序控制结构，其特点是在给定条件成立时，反复执行某程序段，直到条件不成立为止。给定的条件称为循环条件，反复执行的程序段称为循环体。

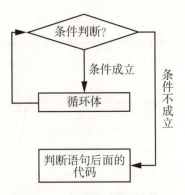

图2.5 程序的顺序结构　　　　图2.6 程序的循环结构

Mixly图形化编程软件中有无限循环语句和有限循环语句两种循环结构。本书应用到的是无限循环语句（图2.7），当满足条件时，循环结构模块内的命令不断地重复被执行。

实例：隔一秒打印一句话，重复打印，如图2.8所示。

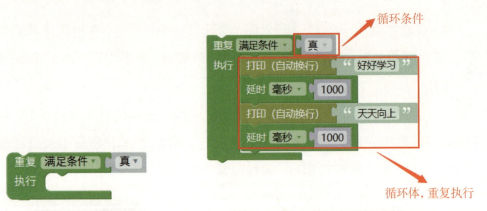

图2.7 循环结构图形模块　　　　图2.8 循环语句的设计实例

选择结构：选择结构中包含了一个判断框，是通过一条或多条判断语句的执行结果（True或False）来决定执行的代码块，是外界与计算机沟通的逻辑，它明确地让计算机知道，在什么条件下，该去做什么，执行完成后，脱离选择结构。在程序设计中，选择结构可以分为单分支、双分支和多分支多种形式。

单分支：如果条件满足，执行指令部分，如果条件不满足，则跳过，不执行相关语句。流程图如图2.9所示。

Mixly图形化编程软件中提供的单分支结构功能模块是如图2.10所示的如果积木，其可以拼接其他积木，只有条件成立，才能执行里面的脚本积木；条件不成立，则不会执行里面的脚本积木。

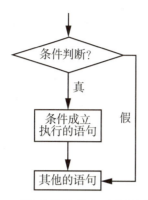

图2.9　程序的单分支选择结构　　　　图2.10　单分支选择结构图形模块

　　实例：如果年龄大于或等于18岁，打印"我已经成年了"（图2.11）。

　　双分支：如果条件满足，执行语句1，否则执行语句2。流程如图2.12所示。

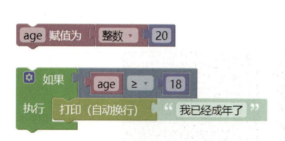

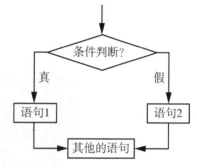

图2.11　单分支选择结构程序设计实例　　　图2.12　程序的双分支选择结构

　　Mixly图形化编程软件中提供的双分支结构功能模块如图2.13所示。

　　实例：如果年龄大于或等于18岁，打印"我已经成年了"；否则，打印"我还没成年"，如图2.14所示。

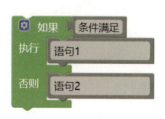

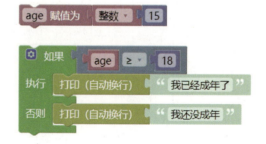

图2.13　双分支选择结构图形模块　　　　图2.14　双分支选择结构程序设计实例

二、任务实践

　　通过控制每一块显示区域点光源的发光颜色、显示时长，就可以创造变化万千的灯光效果。接下来，运用Mixly图形化编程软件，结合OpenAIE启蒙硬件来实现LED灯闪烁的效果，探究灯光秀背后的奥秘吧。通过两个小任务进行实践。

任务1：实现LED灯闪烁效果；

任务2：控制LED灯光的工作状态。

任务1：实现LED灯闪烁效果

要完成任务1，首先须认识LED灯。

LED灯：OpenAIE启蒙硬件的背面有2个LED灯，称为补光灯，如图2.15（a）中红色线框标识部分所示。OpenAIE启蒙硬件的正面有3个LED灯，是一组彩色LED灯，序号由左到右分别为0、1、2，如图2.15（b）中红色线框标识部分所示。

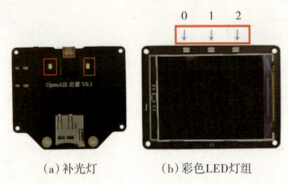

（a）补光灯　　　　（b）彩色LED灯组

图2.15　OpenAIE启蒙硬件中的LED灯

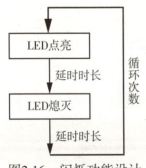

图2.16　闪烁功能设计

LED灯的闪烁效果是由灯光亮和灭交替变化所产生的，交替时间的长短表现为灯光闪烁的快慢。通过设置LED灯亮和灭的时间间隔，就可以控制灯光亮灭的频率，得到闪烁的效果。时间间隔越短，闪烁的频率就越高。反之，时间间隔越长，闪烁的频率就越低。灯光亮和灭的时间间隔可以用延时控制，如果重复灯光亮和灭的效果，需要用到循环控制（图2.16）。

具体步骤如下：

步骤1　让补光灯亮起来，将执行器模块的补光灯积木拖到脚本区，设置参数为30（图2.17）。

步骤2　补光灯在1秒后熄灭，将控制模块的延时积木拖到程序中，修改参数为1 000毫秒, 该模块能够让程序等待一段时间。模块中有两个参数可以修改: 一个参数是前面的延时时间单位, 单击下拉菜单箭头可以选择秒、毫秒或微秒 (0.001秒=1毫秒=1 000微秒); 另一个参数是延时的时间, 这个参数直接输入即可, 单位是前面的参数值, 如图2.18所示。

图2.17　补光灯图形模块　　　图2.18　延时语句设计

步骤3　让补光灯熄灭, 将执行器模块内补光灯积木拖到脚本区, 设置参数为0, 如图2.19所示。

步骤4　让补光灯一直闪烁, 将控制模块类的无限循环语句积木拖到程序中, 把前面搭建的灯光闪烁的程序放入循环结构中, 即可实现一直闪烁的效果。

让补光灯闪烁的程序如图2.20所示。

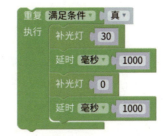

图2.19　补光灯的开关控制　　　图2.20　让补光灯闪烁的程序

任务2: 控制LED灯光的工作状态

要完成该任务, 需认识按键。

按键: 一个触点式机械弹性开关, 按下时开关导通, 释放时开关断开。通过按键操作, 可以接通或断开控制电路, 控制机器设备的运行。生活中常见的开关, 其实也是按键。用按键控制LED灯的亮灭, 当按键按下时, LED灯亮; 当按键弹起时, LED灯熄灭。

在图形化编程软件的输入/输出模块中有按键组编程积木。按键组分为左按键与右按键, 在程序模块中可以选择左按键与右按键, 分别对应硬件中的左右两个按键。每一个按键都对应有按下、弹起(松开)两个状态,编程设置方法如图2.21所示。

图2.21 按键组图形模块说明

接下来,搭建用按键来控制LED灯开关的程序吧,这里需要用到双分支选择结构。具体步骤如下:

步骤1 当按下左按键时,LED灯光亮,红框区域为LED点亮执行程序(图2.22)。

图2.22 按键按下状态

步骤2 消除按键抖动,使用延时语句延时10毫秒(图2.23)。

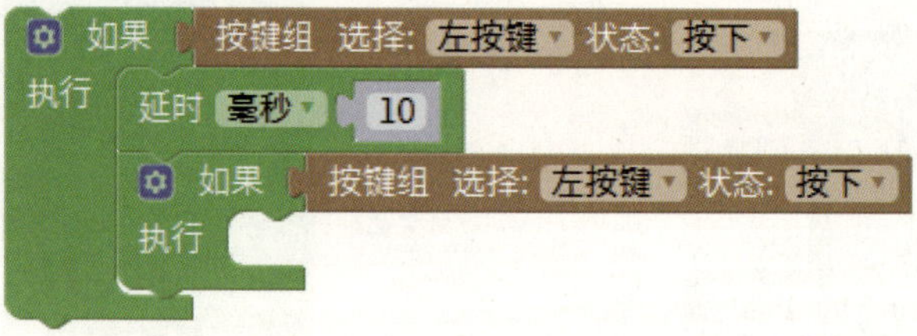

图2.23 消除按键抖动

步骤3 将如图2.24所示使LED灯闪烁的积木拖动到如果—执行积木结构中。

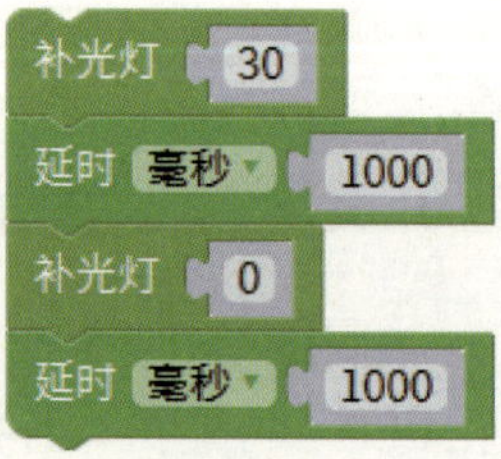

图2.24 闪烁功能初步设计

步骤4 如图2.25所示,当按下左键时,LED灯点亮闪烁效果。将实现闪烁功能的积木拖动到条件判断结构中。

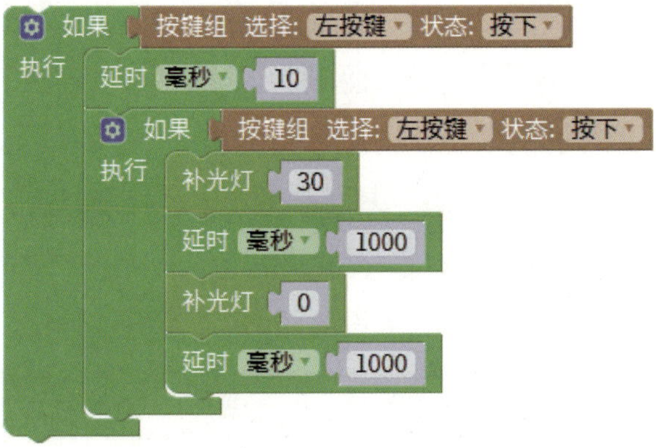

图2.25　按键控制的闪烁效果设计

最终，用按键控制LED灯的程序如图2.26所示。

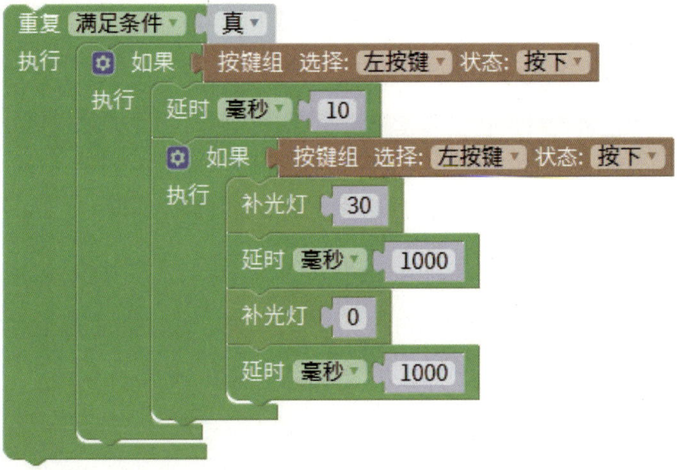

图2.26　完整的按键控制LED灯闪烁的程序

三、探索与思考

（1）在任务实践中，补光灯亮度设置为30，将补光灯积木参数变大或变小，会发现什么现象呢？

（2）任务2中使用1个按键来控制LED灯光的亮灭，请思考如何用2个按键分别来控制LED灯光的亮和灭。

拓展实践

OpenAIE启蒙硬件上的全彩LED灯是一种三基色LED，硬件中的可编程全彩LED模块本质上是RGB LED灯，RGB是Red（红）、Green（绿）、Blue（蓝）的首字母缩写,表示颜色中的三原色,颜色数值的范围在0~255。

　　每颗RGB LED灯中含有红、绿、蓝3种不同的颜色的小灯珠各1个。当内部3个小灯珠以不同亮度搭配的时候,类似于将3种颜色以不同比例混合,最后对外呈现的就是混合后的灯光颜色。用三基色原理可以使LED灯形成不同的颜色。

　　在图形化编程软件中,执行器模块中有彩色LED相关的积木,RGB灯带设置积木及RGB灯带显示积木。RGB灯带设置模块,如图2.27所示。

图2.27　RGB灯带图形积木模块

　　在RGB灯带设置模块中,灯号参数指3颗LED彩灯,灯号取值分别是0、1、2。R、G、B参数的取值范围为0~255,是组成灯光颜色的三原色。例如,让1号灯发红光,设置的参数如图2.28所示。

图2.28　RGB灯带图形模块的使用说明

　　请利用Mixly图形化编程软件,结合OpenAIE启蒙硬件上的全彩LED灯功能,模拟交通信号灯,交通信号灯的灯色为红、黄、绿,常见的控制方式为定时控制,即当一个灯亮时,另外两个灯熄灭,请编程实现效果。

✎ 记录成长

　　通过本项目的学习,你有哪些收获呢? 在下表中记录下来。

学习的内容	完成度
理解闪烁的LED灯及其开关的工作原理	☆ ☆ ☆ ☆ ☆
学会控制模块循环语句、延时语句、条件语句的使用	☆ ☆ ☆ ☆ ☆
学会传感器模块按键组的使用	☆ ☆ ☆ ☆ ☆
能够编写程序,点亮OpenAIE启蒙硬件中的补光灯	☆ ☆ ☆ ☆ ☆
能够编写程序,应用OpenAIE启蒙硬件来实现LED灯的闪烁效果	☆ ☆ ☆ ☆ ☆
其他收获:	

小小音乐盒

◇掌握列表等数据结构的用法。

◇了解图形化编程中算术运算符的用法。

◇掌握无限循环结构的程序设计方法。

◇掌握蜂鸣器模块的编程控制方法, 能够编写程序, 实现小小音乐盒的功能。

💻 **情景与任务**

音乐盒悠扬的乐声，经常勾起人们对美好往事的回忆。1992年，在我国浙江宁波诞生了具有自主知识产权的音乐盒（八音琴）。音乐盒的机芯由音筒、音板、齿轮、发条（或其他动力源）、阻尼等部件组成，在旋转运动中，音筒上的凸点挑起音板后使音板振动，并按设计振动频率发出声音。

传统的音乐盒是利用机械振动产生音乐，而现代音乐盒是利用电源、媒体存储器、蜂鸣器或扬声器，通过电信号控制产生音乐。蜂鸣器或扬声器根据电信号的变化，产生不同频率的振动，进而产生声音。电子音乐盒如图3.1所示。本节内容运用图形化编程软件，结合OpenAIE启蒙硬件中蜂鸣器的功能，来实现美妙音乐的演奏。

图3.1　电子音乐盒

🧪 **设计与实践**

一、图形化编程常识

数据类型：数据类型是编程语言必备的属性，用于声明不同类型的变量以存储不同类型的数据，只有给数据赋予明确的数据类型，计算机才能对数据进行处理运算。以近几年比较火热的Python语言为例，常用的数据类型有Number（数字）、String（字符串）、Tuple（元组）、List（列表）、Dictionary（字典）、Set（集合）。

序列：序列是可存放多个值的连续内存空间，这些值按一定顺序排列，可通过每个值所在位置的编号（称为索引）找到它们。序列类型包括字符串、列表、元组、集合和字典。

　　例如,有一家酒店,店中的每个房间就如同序列中存储数据的一个个空间,每个房间所特有的房间号就相当于索引值。也就是说,可以通过房间号(索引)找到这家酒店(序列)中的每个房间(内存空间)。

　　列表:列表是Python语言中一种重要的数据类型,它包含了0个或者多个元素的有序序列,一般用于存储相同类型的数据(常用),也可以存储不同类型的数据(不常用);列表没有长度限制,不需要预定义长度,但可以获取列表的实际长度;列表是有序的,列表的下标从0开始;访问列表的值可使用下标进行。在图形化编程软件程序模块区的列表模块中,有列表的定义及获取列表的长度和获取列表的值的积木,如图3.2所示。

图3.2　列表图形模块及使用说明

　　算术运算符:算术运算符包括+、−、×、÷、%、**和//,这些运算符都是双目运算符,每个运算符可以与两个操作数组成一个表达式,见表3.1。

表3.1　算术运算符及图形化编程表示

运算符	描述	图形化编程的表示
+	加:两个对象相加	$1 + 1$
−	减:得到负数或是一个数减去另一个数	$1 - 1$
×	乘:两个数相乘或是返回一个被重复若干次的字符串	$1 × 2$
÷	除:x除以y	$9 ÷ 3$
%	取模:返回除法的余数	$8 \% 3$
**	幂:返回x的y次幂	$2 \ast\ast 2$
//	取整除:向下取接近商的整数	$8 // 3$

有限循环语句：通过遍历某一序列对象来构建循环，循环结束的条件就是对象遍历完毕。有限次数循环的流程图和语句如图3.3、图3.4所示。

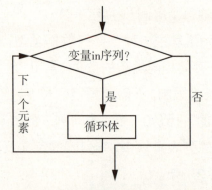

图3.3　有限次数循环的流程图

图3.4　有限次数循环程序的设计

实例：隔一秒打印一个数字（图3.5）。

图3.5　有限次数循环程序实例

二、任务实践

音乐盒中音板振动的频率不同，发出的音调也不同，利用蜂鸣器控制频率来发出不同的音调，就可以实现音乐盒演奏美妙的旋律。接下来，运用Mixly图形化编程软件，结合OpenAIE启蒙硬件来实现蜂鸣器鸣响，实现用蜂鸣器来演奏音乐吧。以下通过两个小任务进行实践。

任务1：实现蜂鸣器播放七声音阶；

任务2：实现用蜂鸣器演奏音乐。

任务1：实现蜂鸣器播放七声音阶

要完成任务1，须认识蜂鸣器。

蜂鸣器：将电信号转换为声音信号的元器件，输入的电流不同，蜂鸣器发出的声音频率也会不同。蜂鸣器分为有源和无源，这里指的是振荡源，有源蜂鸣器其内部有振荡源，一通电就会鸣叫，无源蜂鸣器内部没有振荡源，因此通直流电无法令其鸣叫。无源蜂鸣器的频率可控，可以做出"do、re、mi、fa、sol、la、si"的音效，OpenAIE硬件所使用的是无源蜂鸣器。

声音：由物体振动产生的声波。音乐盒依靠音板振动频率不同而发出不同声音，振动频率越高，发出声音的音调越高，振动频率越低，发出声音的音调越低。无源蜂鸣器可以通过改变频率来控制其声音的音调，利用不同音调制作音乐。

乐理小知识：1 do、2 re、3 mi、4 fa、5 sol、6 la、7 si这七声音阶，在不同音调下其音阶高低不同，对应的频率也不同，见表3.2。音乐的进行是有韵律的，"节拍"就是以固定频率进行计时的单位，这个"拍"不会随着音符时值发生变化。编程时，可以用"延时1 000毫秒"表示一个节拍的时长。

表3.2 蜂鸣器音频音符对应表

低音	音阶	1	2	3	4	5	6	7
	频率	131	147	165	174	196	220	247
中音	音阶	1	2	3	4	5	6	7
	频率	262	294	330	350	393	441	495
高音	音阶	1	2	3	4	5	6	7
	频率	524	588	660	698	784	880	988

图形化编程软件的执行器模块提供了蜂鸣器积木，可以设置参数值，改变蜂鸣器的频率，发出不同音调的声音，本任务使用蜂鸣器播放音乐中的七声音阶：do、re、mi、fa、sol、la、si，也就是音符1、音符2、音符3、音符4、音符5、音符6、音符7，使用中音、C调播放。参考表3.2可知，7个音符对应的蜂鸣器频率分别为262、294、330、350、393、441、495。程序设计时，使用"延时1 000毫秒"表示一个节拍。具体步骤如下：

步骤1 将执行器模块类的蜂鸣器频率积木拖到脚本区，将频率参数设置为262 Hz(图3.6)。

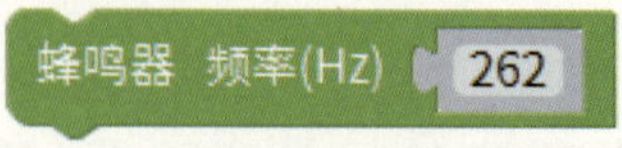

图3.6   蜂鸣器图形模块及使用

步骤2   将控制模块类延时积木拖到程序中,保持默认参数为1 000毫秒,即1秒,表示一个节拍(图3.7)。

延时 毫秒 1000

图3.7   延时语句的设计

步骤3   连接启蒙硬件与电脑,将程序上传到硬件中,试听声音的效果。

步骤4   依次重复进行步骤1与步骤2的操作,将蜂鸣器频率依次修改为262、294、330、350、393、441、495,直到将7个音符都能播放出来。最终程序如图3.8所示。

图3.8   音符发音程序的设计

任务2：实现用蜂鸣器演奏音乐

用蜂鸣器演奏音乐《小星星》，简谱如图3.9所示。

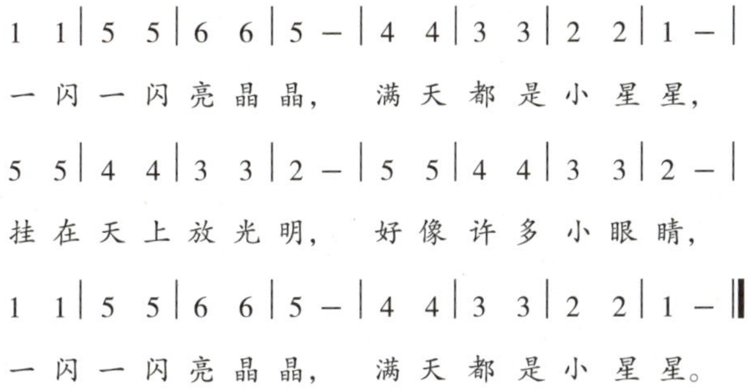

```
1  1 | 5  5 | 6  6 | 5  —  | 4  4 | 3  3 | 2  2 | 1  —  |
一 闪 一 闪 亮 晶 晶，    满 天 都 是 小 星 星，

5  5 | 4  4 | 3  3 | 2  —  | 5  5 | 4  4 | 3  3 | 2  —  |
挂 在 天 上 放 光 明，    好 像 许 多 小 眼 睛，

1  1 | 5  5 | 6  6 | 5  —  | 4  4 | 3  3 | 2  2 | 1  —  ‖
一 闪 一 闪 亮 晶 晶，    满 天 都 是 小 星 星。
```

图3.9　简谱

任务1利用顺序结构实现了简单旋律的播放，对于乐曲这样的复杂旋律，用顺序结构实现就比较冗长、低效。因此，任务2应用循环结构来实现乐曲的演奏。首先定义列表存储这些音符对应的频率数据，列表tone存储蜂鸣器音符对应的频率数据，列表music存储《小星星》简谱数据，具体内容如图3.10所示。

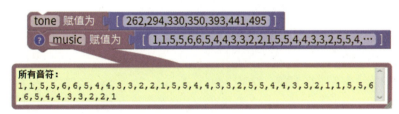

图3.10　利用列表显示旋律的音符序列

具体步骤如下：

步骤1　在列表模块中应用积木，获取列表的长度，列表music在软件变量模块中拖动使用（图3.11）。

图3.11　获取列表中数据的长度

步骤2　获取列表music长度后，配合应用有限循环语句来控制程序脚本的执行次数，将其拖至有限循环语句的对应位置（图3.12）。

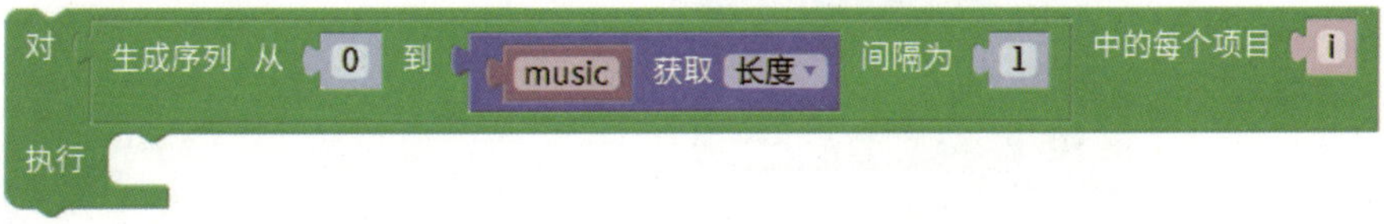

图3.12　循环次数的控制

步骤3　将蜂鸣器按照简谱的频率依次鸣响。观察创建的列表tone和列表music可以知道，列表tone存储音符1—7所对应的频率值，列表music存储音符本身，当依次演奏时，music会告诉程序，当前要演奏的频率所在的位置，如当演奏音符5时，蜂鸣器需要的频率是第5个频率值。将蜂鸣器鸣响程序放在循环体位置，如图3.13所示。

图3.13　利用列表设计旋律演奏程序

在列表music长度（执行次数）下，从第一个音符到最后一个音符执行完毕，频率、音符及变量i的值变化情况：

循环第1次［音符：1；频率：262 Hz；i=0；］

循环第2次［音符：1；频率：262 Hz；i=1；］

循环第3次［音符：5；频率：393 Hz；i=2；］

……

循环第7次［音符：5；频率：393 Hz；i=6；］

……

循环第42次［音符：1；频率：262 Hz；i=41；］

步骤4　观察音乐简谱，每当音乐演奏7个音符，即7个小拍后，会有1个空拍，可以使用延时语句延后一定时间来实现空拍效果。判断当前循环次数是否为7的倍数，如果是则延时加长为800毫秒，否则延时正常为150毫秒（图3.14）。

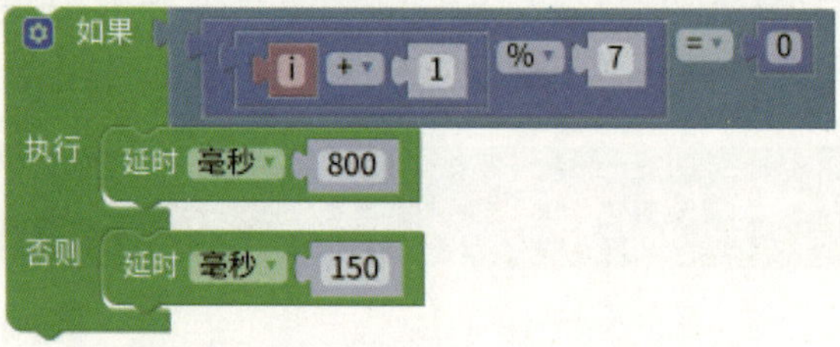

图3.14　空拍效果的实现

《小星星》演奏最终程序如图3.15所示。

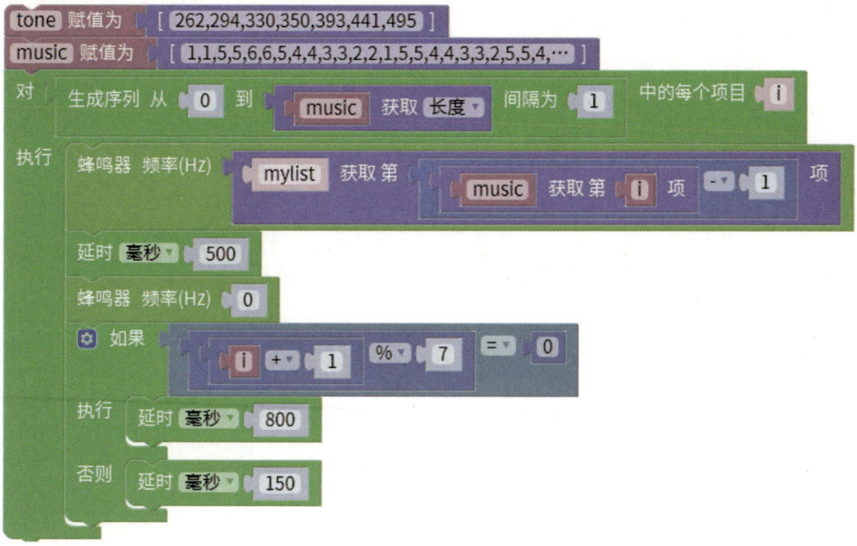

图3.15　完整的旋律演奏程序

三、探索与思考

（1）如何使用有限循环结构来实现任务1的效果？

（2）如果播放的音乐旋律不对，可能是什么原因呢？须重点检查列表中存储的数据是否准确。

拓展实践

请运用本项目学习的知识和内容，设计演奏一首《上学歌》，请注意节拍的设计，根据节拍来设计延时。

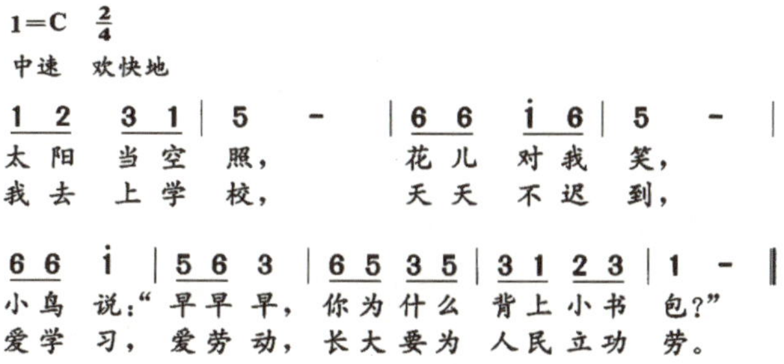

5 单纯一个音符表示 1 拍

6 音符下边一条横线表示半拍

2 音符下边两条横线表示四分之一拍

5- 音符后边一条横线表示 1 拍

5-- 音符后边两条横线表示 2 拍

i 音符上面一个点表示高音

5 音符下面一个点表示低音

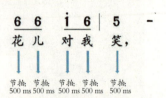

📝 记录成长

通过本项目的学习,你有哪些收获呢? 在下表中记录下来。

学习的内容	完成度
理解音乐盒的结构与发音原理	☆☆☆☆☆
掌握蜂鸣器模块的编程控制方法	☆☆☆☆☆
掌握列表的定义和用法	☆☆☆☆☆
了解算术运算符的用法	☆☆☆☆☆
掌握图形化编程中有限循环结构的程序设计方法	☆☆☆☆☆
能够编写程序,实现小小音乐盒的功能	☆☆☆☆☆
其他收获:	

玩转弹幕

◻ 学习目标

◇理解像素、屏幕坐标的概念及其应用。

◇理解变量及其定义和赋值的方法。

◇掌握OpenAIE启蒙模块中图像显示语句的用法。

◇能够结合硬件完成图形化编程，实现汉字显示、流动弹幕等功能。

📟 情景与任务

弹幕是在网络应用程序上观看视频时弹出的评论性字幕。目前，不管是Web端还是移动端，绝大多数的视频平台都具备了弹幕功能，弹幕最典型的特征是组成的颜色和文字内容不同，并能够以一定的速度从屏幕的右侧持续向屏幕左侧移动，直至消失（图4.1）。弹幕给观众一种"实时互动"的体验，其出现在视频中特定的时间点，在观众针对视频中内容发表评论时，其他观众可以评论也可以通过弹幕互动。本项目我们运用图形化编程软件，结合OpenAIE启蒙硬件集成的显示屏，来实现弹幕的效果。

图4.1　弹幕效果图

🧪 设计与实践

一、图形化编程常识

变量：变量指值可以变的量，是用来存储数据的，是计算机中的一个存储区域，该区域有自己的名称（变量名）和类型（数据类型），变量的名称和存储的数据都可以变化。

例如，有一个箱子，给其取名为"百宝箱"，这个箱子可以用来存放衣服，当需要穿衣时，可以从箱子中取出T恤、裤子等。那么这个"箱子"就是变量，"百宝箱"就是变量名，取出的"T恤""裤子"就是变量的值。

变量的定义和赋值：可以使用编程模块中的变量进行变量名的定义和给变

量赋值。使用时只需将变量名拖入相应的模块即可,如图4.2所示。红框1处可以设置变量的名称,可以是单个字母、多个字母或中文字符;红框2处可以设置变量的数据类型,基本涵盖编程的数据类型。

　　实例: 定义一个变量num,将num赋值为整数100,并打印出来,如图4.3所示。

变量的定义和赋值

变量的使用

图4.2　变量定义模块　　　　　图4.3　变量的定义及使用

　　显示分辨率: 显示分辨率是显示器在显示图像时的分辨率,分辨率是用点来衡量的,显示器上这个 "点" 就是指像素(px)。显示分辨率的数值是指整个显示器所有可视面积上水平像素和垂直像素的数量。如800×600的分辨率,是指在整个屏幕上水平显示800个像素,垂直显示600个像素。OpenAIE启蒙硬件搭载2.0英寸液晶显示屏,其分辨率为320×240,也就是屏幕上水平显示320个像素,垂直显示240个像素。

　　屏幕直角坐标系: 在平面内画两条互相垂直且有公共原点的数轴,其中横轴为X轴,纵轴为Y轴,这样就在屏幕上建立了平面直角坐标系,简称直角坐标系。

　　以OpenAIE启蒙硬件板载2.0英寸液晶显示屏默认显示方向为例,横坐标为X轴,被平均分为320份,从左往右数值依次变大,纵坐标为Y轴,被平均分为240份,从左往右数值依次变大。

　　当X=80、Y=60时,即取横坐标上的点为60,过该点作垂直于X轴的直线,取纵坐标上的点为60,过该点作垂直于Y轴的直线,两条直线相交的点即为坐标点(80,60)。

　　在一个平面内,由点成线,由线成面,因此想要在显示屏上画图或字符,先要确定一个点,比如取点X=160、Y=120,那就意味着从这个点开始画图。屏幕直角坐标系如图4.4所示。

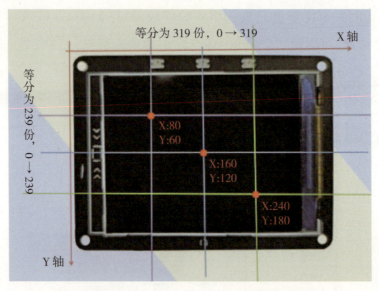

图4.4 液晶屏中的屏幕坐标定义

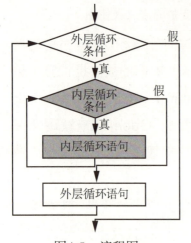

图4.5 流程图

循环语句的嵌套:在一个循环体内又包含另一个或多个完整的循环结构,称为循环语句的嵌套。此时,循环结构分为外层循环和内层循环,当外层循环的判断条件为真时,内层循环才会执行。流程图如图4.5所示。

实例:蜂鸣器鸣响5次为一个周期,且鸣响一直重复(图4.6)。

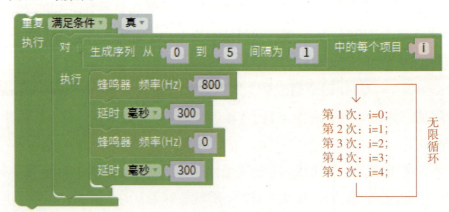

图4.6 循环嵌套结构设计实例

二、任务实践

显示屏不仅能够显示图形和图像，还能显示各种各样的字符和文字。接下来，运用Mixly图形化编程软件，结合OpenAIE启蒙硬件来实现显示屏显示流动弹幕的功能吧。让我们通过两个小任务进行实践。

任务1: 实现在确定位置显示汉字;

任务2: 显示屏显示流动弹幕。

任务1: 实现在确定位置显示汉字

要完成任务1，须认识全彩LCD显示屏。

OpenAIE启蒙硬件集成全彩LCD显示屏，支持显示中英文文本、数值、图像帧等，支持海龟画图绘制多种图形，如图4.7中红色线框标识部分所示。

图4.7　OpenAIE启蒙硬件显示屏工作区

在显示屏上显示字符首先要确认显示位置起点，从而按照字体的数据要求绘制字形，因此确定显示屏上的起始位置非常重要。首先，每一帧图像都是由一个个像素构成，同理，将整个显示屏看作一帧图像，将其划分为一个个像素点，每一个像素点都有一对坐标值（X，Y）来标记该像素点的位置。

在图形化编程软件OpenAIE启蒙模块中提供有画字符积木，用来显示文本内容，该积木可以设置绘制图像目标、绘制起点、文本内容、颜色、比例、间距等，如图4.8所示。

图4.8　文本显示积木

- 参数img: 需要绘制字符的图像。
- 位置X、Y: 分别表示字符显示的起点坐标。

● 文本：显示的具体内容，可以是英文字母也可以是中文汉字，启蒙硬件模块默认显示英文字母，在显示汉字内容前，需要加载汉字字库，在OpenAIE启蒙模块中有加载字库和释放字库积木，如图4.9所示。

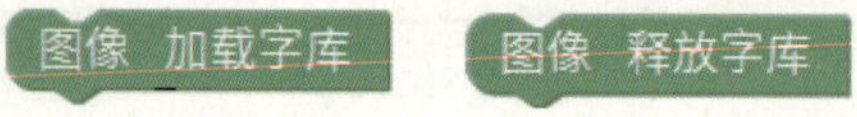

图4.9　加载和释放字库积木

● 颜色：以RGB值的形式设置字符的颜色。

● 比例：可以调整字符串的大小，其中1表示默认的字体大小。

● 间距：调整字符之间的距离，优化显示效果。

接下来实现在屏幕上显示汉字。要求背景颜色为白色，字符起点位置为(20, 20)字体颜色为蓝色，比例与间距设为1，显示内容为"我爱学编程"。具体步骤如下所述。

步骤1　设置显示屏背景颜色为白色。将显示器模块中背景颜色积木拖到程序构建区，设置颜色为白色(255, 255, 255)，如图4.10所示。

图4.10　显示屏背景颜色设置

步骤2　确定显示的字符内容。在OpenAIE启蒙模块中将画字符积木拖到程序建构区，设置参数，设置图像默认img，起始点位置(20, 20)，文本"我爱学编程"，颜色为蓝色(0, 0, 200)，比例及间距都为1，如图4.11所示。

图4.11　确定显示的字符内容

步骤3　在图像img中显示字符。在显示屏模块中将显示图像积木拖到程序建构区搭建程序，参数默认为img，如图4.12所示。

图4.12　实现在图像img中显示字符

步骤4　持续显示字符。不断地写入、显示字符，需要用到无限循环结构模块，如图4.13所示。

图4.13　持续显示字符

步骤5　加载汉字字库，显示中文。最后完成的程序如图4.14所示。

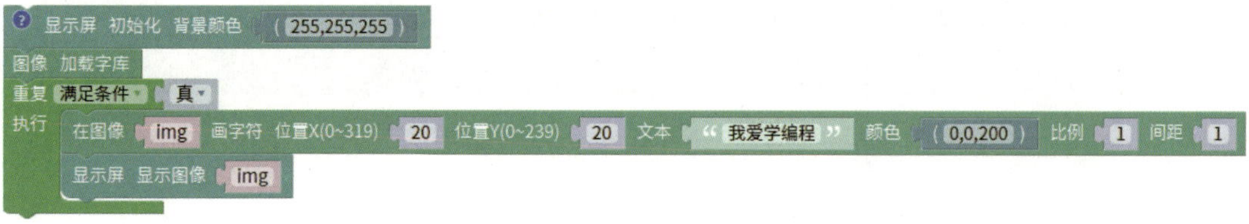

图4.14　实现中文显示

任务2：显示屏显示流动弹幕

显示的字符在屏幕中的位置不断变化即可产生弹幕移动的效果。如果只实现字符从右侧向左侧移动，需要改变X的坐标值，而Y的坐标值不变。接下来，通过具体的编程实现弹幕的移动效果吧，具体步骤如下所述。

步骤1　设置显示屏背景颜色为白色（图4.15）。

图4.15　设置显示屏背景颜色

步骤2　确定显示的字符内容。在OpenAIE启蒙模块中将画字符积木拖到程序建构区，并设置图像默认参数，起始位置坐标分别为（20，20）、（20，50）、（20，80），文本为"小明：我爱学编程""图形化编程""Python编程也不错"，颜色分别为红色、绿色、蓝色，比例与间距为1，如图4.16所示。

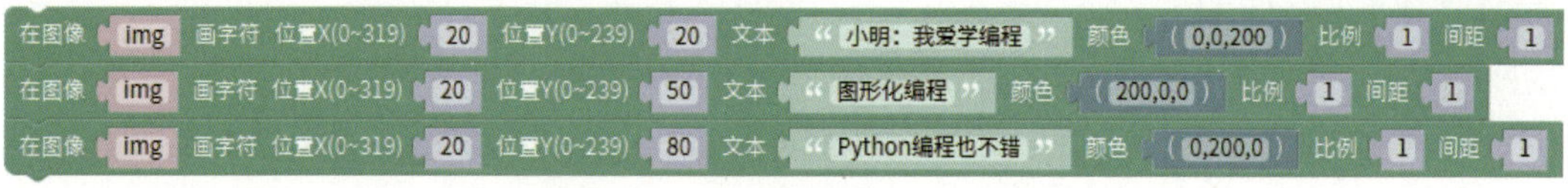

图4.16　确定显示的字符内容

步骤3　在图像img中显示字符（图4.17）。

图4.17　在图像img中显示字符

步骤4　实现弹幕移动效果。使用有限循环结构，实现字符从右向左移动的效果，坐标系中X值的取值范围设为319到−100，并将显示字符的积木放在循环体中，如图4.18所示。

图4.18 有限循环结构的设计

步骤5　更新显示内容。实现显示字符的移动，需要使用延时语句，延时100毫秒，然后清除上一次显示的图像（图4.19）。

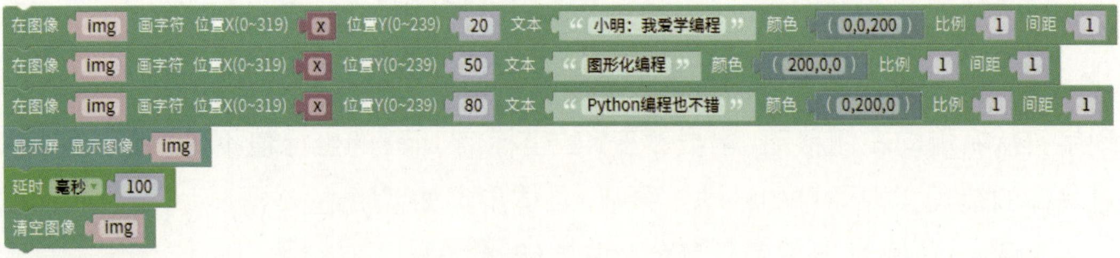

图4.19 更新显示内容

步骤6　重复执行，实现弹幕移动效果，最后完成的程序如图4. 20所示。

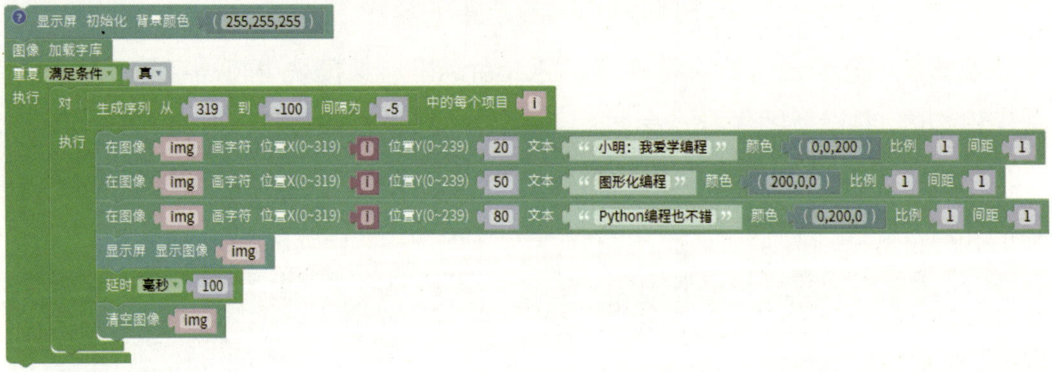

图4.20 实现弹幕移动效果

三、探索与思考

（1）任务2中，为什么X的取值范围不是0~319呢？

（2）任务2中，只是改变X的值，如果同时改变Y的值，会是什么效果呢？请尝试验证一下。

🎨 拓展实践

　　请运用本项目学习的知识和内容，结合学习过的按键开关，试一试编程设计按键控制弹幕的移动速度和大小等功能吧。

✏️ 记录成长

　　通过本项目的学习，你有哪些收获呢？在下表中记录下来。

学习内容	完成度
了解像素的概念及其应用	☆☆☆☆☆
理解屏幕坐标及其应用方法	☆☆☆☆☆
理解变量的概念、定义和赋值的方法	☆☆☆☆☆
掌握OpenAIE启蒙模块中图像显示语句的用法	☆☆☆☆☆
能够结合硬件完成图形化编程，实现汉字显示、流动弹幕等功能	☆☆☆☆☆
其他收获：	

探秘护眼屏

▣学习目标

◇了解光照强度传感器的工作原理。

◇掌握图形化编程中字符串的使用方法。

◇掌握图形化编程中比较运算符的使用方法。

◇掌握光照强度传感器的编程控制方法，能够编写程序，实现控制
显示屏亮度、显示字符等功能，实现护眼屏的效果。

📧 情景与任务

近年来，我国儿童及青少年视力问题形势非常严峻。根据世界卫生组织研究报告，我国目前的近视患者高达6亿人，其中，中小学生近视人数超过1亿，近视率近50%，初高中生近视率高达80%。近视主要与遗传、环境、个人用眼习惯及饮食有关。

电子智能设备的普及及短视频的流行，成为又一影响中小学生近视率的重要因素（图5.1）。一方面，长时间注视电子屏幕，眼部没有得到有效的放松；另一方面，显示屏的背光亮度、频闪等对人眼造成一定伤害。如果能够依据环境光的亮度有效调整显示屏的背光亮度，在一定程度上能够保护眼睛！那么，如何依据环境光的亮度来调整显示屏的背光亮度呢？让我们一起来探究吧。

图5.1　未成年人不良用眼习惯

🧪 设计与实践

一、图形化编程常识

字符串：字符串是由零个或多个字符组成的有限序列，可以通过索引（下标）的方式提取字符串中的元素，也可以通过编程实现对字符串长度的计算、对齐方式设置、字符串连接、格式化操作等。

实例：定义一个字符串"好好学习，天天向上！"，使用OpenAIE启蒙硬件板载显示屏显示（图5.2）。

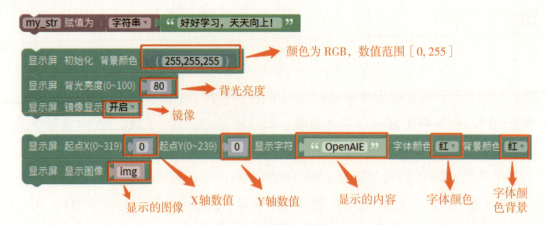

图5.2　字符串显示程序

比较运算符：可以使用运算符将两个值进行比较，主要包括>、<、≥、≤、=、≠，如图5.3所示。通过比较，其结果值往往是一个逻辑值，即真（成立）或假（不成立）。

图5.3　比较运算符的使用

试一试：判断表5.1中语句是否成立。

表5.1

语句	是否成立	
4+6=9		不成立
3×3≠7	成立	
8−3<6	成立	
6÷2≤2		不成立
9%2>4		不成立
3^2≥5	成立	

二、任务实践

电子屏幕亮度在不同环境光照条件的变化，对人眼视觉疲劳具有很大的影响，在外界光线较强时调高显示屏亮度，或者在外界光线较弱时，调低显示屏亮度能够一定程度缓解用眼压力，反之则会加重用眼压力。接下来，运用Mixly图形化编程软件，结合OpenAIE启蒙硬件来实现用光照强度传感器测量光照强度，控制显示屏亮度的功能吧。让我们通过两个小任务进行实践。

任务1: 读取光照强度值并显示;

任务2: 根据光照强度值大小调节显示屏亮度。

任务1: 读取光照强度值并显示

要完成任务1，须了解光照强度及光照强度传感器。

光照强度: 光照强度是一种物理术语，指单位面积上所接收的可见光的光通量，单位为勒克斯(Lx)，用于表示光照的强弱和物体表面被照明程度。光照强度与人们的生活密切相关。充足、合适的光照，可以有效避免人们在生产生活中发生意外事故。反之，过暗的光照可引起人体疲劳并带来消极影响。常见环境场所下光照强度参考值见表5.2。

表 5.2　常见环境场所下光照强度值参考

环境场所	光照强度 /Lx	环境场所	光照强度 /Lx
晴天	30 000~130 000	学校餐厅	10~30
晴天室内	100~1 000	教学楼走廊	5~10
阴天室内	5~50	室内日光灯	100
阴天	50~500	阅读书刊所需	50~60
日出日落	300	彩色显示屏幕	80

光照强度传感器: 光照强度传感器是将光照强度大小转换成电信号的一种传感器。OpenAIE启蒙硬件集成了光照强度传感器测量模块，能够通过编程控制测量环境的光照强度值，其范围为0~65 535 Lx，如图5.4中红色线框标识部分所示。

在图形化编程软件的传感器模块中提供有光照强度传感器积木，可以通过控制传感器获取光照强度值。将光照强度传感器积木拖到程序建构区，用于构建程序读取环境光照强度值，如图5.5所示。

图5.4　光照强度传感器的位置

光照强度传感器　读取光照强度(0~65535lx)

图5.5　光照强度传感器图形积木模型

在图形化编程软件的显示屏模块中提供有显示屏显示与控制积木，可以设置显示屏背景颜色、亮度、显示内容等参数。

实例：显示屏显示字符的积木，可以设置显示字符的具体内容、显示位置起点、字体颜色及背景颜色。例如，设置显示起点为（0，0）；显示内容为"OpenAIE"；字体颜色为红色；背景颜色为红色，如图5.6所示。

图5.6　显示屏显示字符的积木

接下来，实现读取光照强度值以及让它在显示屏上显示。具体步骤如下所述。

步骤1　设置显示屏背景颜色为白色（图5.7）。

显示屏　初始化　背景颜色　（255,255,255）

图5.7　设置显示屏背景颜色

步骤2　读取光照强度值。须定义变量brightness，并赋值为光照强度值。在变量模块中将定义变量积木拖动至程序建构区，修改变量名为brightness，将传感器模块中光照强度传感器积木拖动至程序建构区，并与变量进行拼接，如图5.8所示。

brightness　赋值为　光照强度传感器　读取光照强度(0~65535lx)

图5.8　读取光照强度值

步骤3　显示屏显示光照强度值。将显示屏模块中的显示内容积木拖动至程序构建区，设置显示字体颜色为蓝色，背景颜色为白色，起点坐标为（0，0），显示光照强度值。由于获取的数据是小数，要在显示屏上显示需要先将它转换成字符串，如图5.9所示。

图5.9　显示光照强度值

步骤4　随环境的变化实时获取光照强度值。须使用控制模块中的无限循环语句，将获取及显示光照强度的程序语句放置在循环结构中（图5.10）。

图5.10　实时获取和显示光照强度值

步骤5　完整的程序如图5.11所示。

图5.11　完整的光照强度值显示程序

任务2：根据光照强度值大小调节显示屏亮度

光照强度变化影响显示屏亮度。通过使用光照强度传感器实时测量光照强度的大小，设置合适的阈值，当测量的数值大于阈值时，适当将显示屏亮度调亮；当测量的数值小于阈值时，适当将显示屏亮度调暗，实现显示屏亮度动态调节功能（即护眼屏），流程图如图5.12所示。

实现简易护眼屏的功能时，阈值的确定需要结合具体的使用情况，OpenAIE启蒙硬件显示屏调节亮度参数值的范围为［0，100］。当光照强度超过100时，显示屏保持最亮显示状态；当光照强度小于100时，随着光照强度值大小进行动态调节。接下来我们通过编程模拟护眼屏的功能效果，具体步骤如下所述。

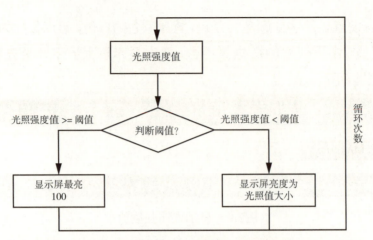

图5.12 护眼屏功能的程序流程图

步骤1 设置显示屏背景颜色为白色（图5.13）。

图5.13 设置显示屏背景颜色

步骤2 定义变量brightness，并赋值为光照强度值（图5.14）。

图5.14 读取光照强度值

步骤3 设置显示屏亮度调节的条件，实现依据光照强度调节显示屏亮度的功能。运用比较运算符，比较光照强度值与阈值的大小，作为判断条件，使用控制模块中的条件语句积木，对不同判断结果执行不同的程序语句。其中，阈值大小设置为100，如图5.15所示。

图5.15 显示屏亮度调节控制

步骤4 依据光照强度，实时调节显示屏亮度，需要用到无限循环结构模块，将判断执行语句放置在无限循环结构模块中。

步骤5 完整程序如图5.16所示。

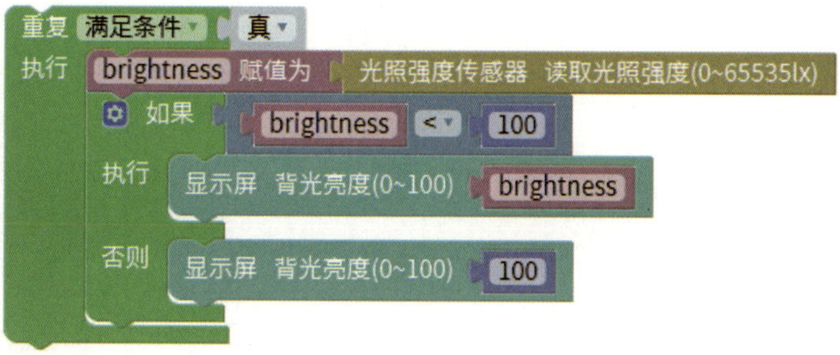

图5.16 完整的显示屏亮度调节程序

三、探索与思考

（1）在夜间或者周围环境较暗的场景下，使屏幕背景色变成深色，会缓解刺眼的情况，请尝试实践操作。

（2）使用光照强度传感器控制光照强度，还可以应用于生活的哪些方面呢，你有什么创意？对你的创意进行设计和编程实践。

拓展实践

在生活中，长时间注视屏幕会容易造成眼睛疲劳，伤害眼睛，请结合所学知识，实现当屏幕亮30 min后，屏幕上显示"你的眼睛要休息啦"的标语，然后黑屏。

记录成长

通过本项目的学习，你有哪些收获呢？在下表中记录下来。

学习内容	完成度
了解光照强度传感器的工作原理	☆☆☆☆☆
掌握图形化编程中字符串的使用方法	☆☆☆☆☆
掌握图形化编程中比较运算符的使用用法	☆☆☆☆☆
掌握光照强度传感器的编程控制方法，能够编写程序，实现控制显示屏亮度、显示字符等功能，实现护眼屏效果	☆☆☆☆☆
其他收获：	

健康计步器

◎学习目标

◇了解姿态传感器的工作原理及计步器计步的方法。

◇掌握布尔型变量的定义及使用方法。

◇了解幂运算及逻辑运算符的使用方法。

◇能够结合OpenAIE启蒙硬件完成图形化编程，实现不同方向加
　速度值的测量与显示、计算步数等功能。

📖 **情景与任务**

随着科学技术的发展,一系列电子设备能帮助人们监测身体健康指标、记录锻炼情况等,常见的健康及运动监测设备有智能手表、智能手机、电子血压计、电子体脂秤等,可以监测心率、血氧浓度、呼吸频率等。健康计步器是目前普遍应用的一款生活实用类小程序,手机微信、支付宝等软件均有计步器的功能,运动手环、手表等设备也具备计步器的功能(图6.1)。那么,这些设备是如何实现记录步数的呢? OpenAIE启蒙硬件模块集成了支持记录步数的测量单元,接下来我们来探索如何记录步数吧。

图6.1 常见的健康及运动监测设备

🧪 **设计与实践**

一、图形化编程常识

布尔类型(bool):布尔类型是数据类型之一,其只有真(True)和假(False)两个值,通常用来判断条件是否成立。在变量模块中可以定义布尔类型变量并赋初始值,如图6.2所示。

图6.2 布尔类型变量的使用

在条件语句中条件表达式如果判断为真,则执行对应的语句;如果条件表达式为假,则执行另一对应的语句。

实例:如果年龄大于或等于18岁为真,打印"我已经成年了";否则条件为假,打印"我还没成年"(图6.3)。

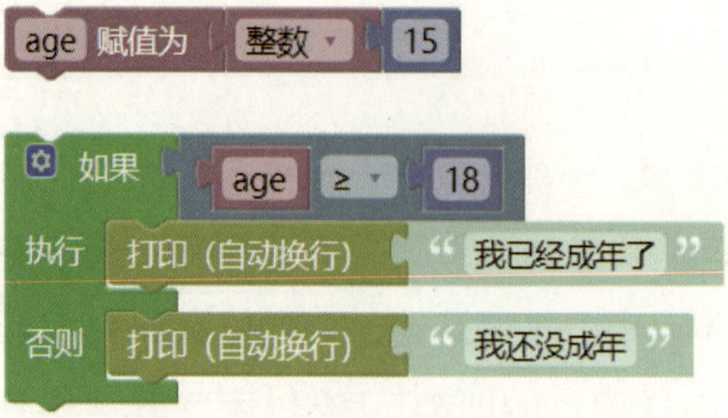

图6.3　条件语句运用实例

幂运算：幂运算是算术运算中的一种，它的运算符号是**。

实例：计算2**3的值（图6.4）。它称为2的3次方，其结果为2*2*2等于8。

图6.4　幂运算的使用

逻辑运算符：逻辑运算符一般用于连接布尔类型的表达式或者值，通过逻辑运算符可以把常量或者变量连接起来成为符合编程语法的式子。逻辑运算符有and、or、not（三者都是关键字）3种，也就是且（与）、或、非，见表6.1。

表6.1　逻辑运算符

运算符	逻辑表达式	描述
 且	x and y	布尔"与"：如x和y其中有一个值为假（False），则返回假（False）。
 或	x or y	布尔"或"：如x和y其中有一个值为真（True），则返回真（True）。
 非	not x	布尔"非"：如果x为真（True），返回假（False）；如果x为假（False），则返回真（True）。

实例：判断两个表达式的返回结果（图6.5）。

图6.5　判断实例

二、任务实践

日常生活中使用的电子计步器如智能手环等，主要是依赖电子设备内置的姿态传感器，通过采集行走过程中的数据，计算得出行走的步数。人在走路过程中处于一定的运动状态，其内置的姿态传感器可以从多个方向（X、Y、Z）获取运动状态信息，通过计算处理，转化为运动步数。本项目将学习使用OpenAIE启蒙硬件集成的姿态传感器实现计步器的功能，让我们通过两个小任务进行实践。

任务1：测量不同方向的加速度值；

任务2：实现计步器的计步数功能。

任务1：测量不同方向的加速度值

要完成任务，须认识惯性测量单元——姿态传感器和加速度计。

姿态传感器：OpenAIE启蒙硬件集成有惯性测量单元——姿态传感器，能够测量空间中3个方向的加速度值和角度值，如图6.6中红色线框标识部分所示。

姿态传感器计步的工作原理是什么呢？

电子硬件中的姿态传感器可以从3个方向（X、Y、Z）测量该方向的加速度值，如图6.7所示。

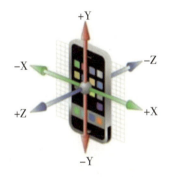

图6.6　姿态传感器的位置　　　图6.7　姿态传感器的作用

当人在水平步行运动中，使用传感器测量并收集不同方向的加速度值，统计并绘制走势图，如图6.8所示。

综合3个方向的加速度值计算出矢量长度，得出步行过程中数据信号变化趋势，如图6.9所示，可以看出数据轨迹呈波峰波谷周期性变化。

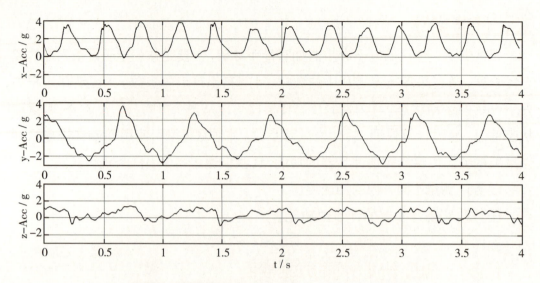

图6.8　利用姿态传感器采集行走中的加速度值

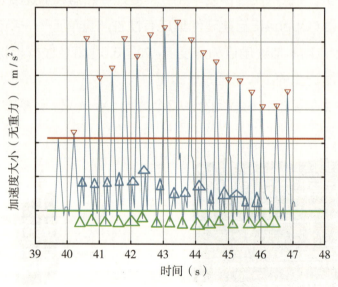

图6.9　步行过程中加速度变化情况

综合数据轨迹判断，红色三角与蓝色三角标注波峰及矢量长度每一次的最大值，绿色三角标注波谷及矢量长度最小值，波谷到波峰再到波谷即完成一个周期。通过设定合适的阈值，如红色、绿色直线，即大于红线阈值的波峰为有效值，小于绿线阈值的波谷有无效值，剔除无效的波峰与波谷，可以尽可能准确地计算出步数。

人在运动中可能用手平持设备，或者将设备置于口袋中，因此设备的放置方向会发生变化。通过计算3个加速度的矢量长度，并根据矢量长度的大小判断是

否计算步数,具体的计算公式为:

$$矢量长度 = \sqrt{x^2 + y^2 + z^2}$$

加速度计:惯性导航和惯性制导系统的基本测量元件之一,OpenAIE启蒙硬件集成的姿态传感器加速度计是三轴加速度计。三轴加速度计是基于加速度的基本原理来工作的,一方面,要准确了解物体的运动状态,必须测得其3个坐标轴上的量;另一方面,在预先不知道物体运动方向的场合下,只有应用三轴加速度计来检测加速度信号。

在图形化编程软件的传感器功能模块中有惯性测量相关的积木(图6.10),能够测量不同方向轴的加速度等数据。加速度测量积木可以直接设置对应轴的参数,并将传感器测量的数据返回。

图6.10 惯性测量图形积木

接下来,利用惯性测量单元读取3个方向的加速度值大小,并在显示屏上显示出来,具体步骤如下所述。

步骤1 设置显示屏背景颜色为黑色。将显示器模块中背景颜色积木拖到程序构建区,设置背景颜色为黑色(0,0,0),如图6.11所示。

步骤2 加载汉字字库,显示中文(图6.12)。

图6.11 设置背景颜色   图6.12 加载字库

步骤3 读取3个方向轴的加速度值。首先定义3个变量x、y、z,分别用来存储X轴、Y轴、Z轴的加速度值;在软件传感器功能模块中选择惯性测量单元——加速度积木,测量、读取3个方向的加速度值并赋值给变量x、y、z,如图6.13所示。

图6.13 读取加速度值并赋值

步骤4 获取加速度值后转换为字符串。惯性测量单元获得的数据是精确到小数点后7位的小数，如0.936 258 7，可以使用文本模块中的转字符串积木，将小数转换为字符串进行显示；使用文本连接积木，可添加汉字提醒文字，如图6.14所示。

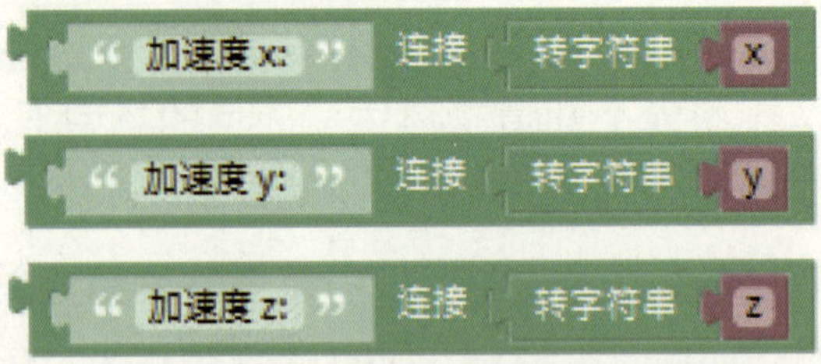

图6.14 将加速度值转换为字符串

步骤5 显示屏显示字符串内容。X轴、Y轴、Z轴的加速度值显示位置坐标分别是（10，20）、（10，40）、（10，60），文本内容为"加速度x/y/z: 变量值"，颜色为（0，0，255），间距和比例都为1，如图6.15所示。

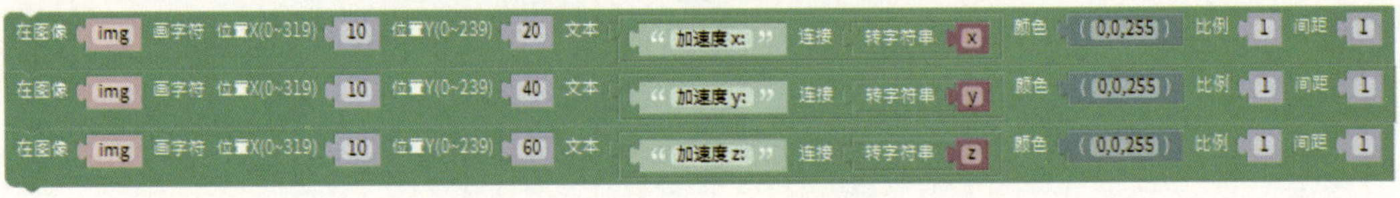

图6.15 显示各加速度分量的值

步骤6 显示屏定时更新数据。在显示屏模块中将显示图像积木拖到程序建构区搭建程序，图像参数默认为img，并配合使用延时语句，实现显示屏定时更新数据（图6.16）。

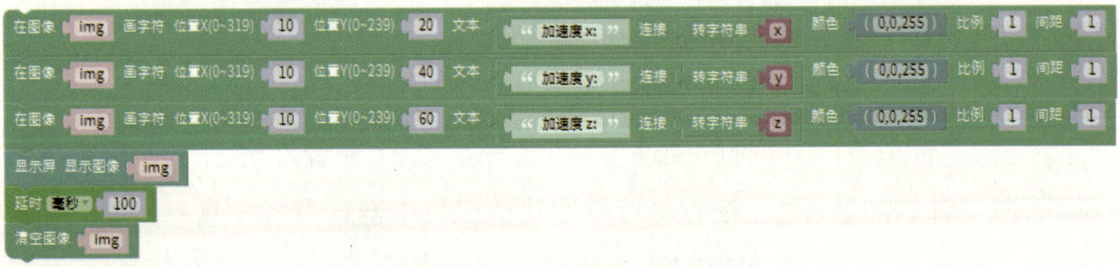

图6.16 定时更新加速度数据

步骤7 完整程序如图6.17所示。

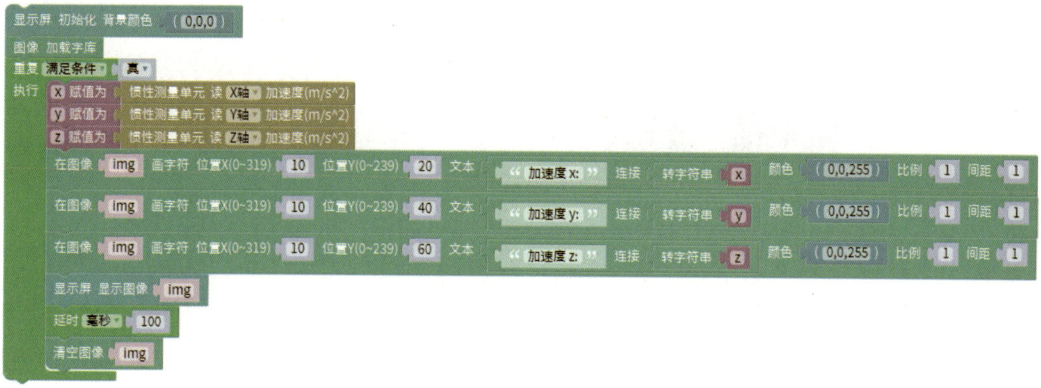

图6.17　完整实时显示行走加速度值的程序

任务2：实现计步器的计步数功能

完成任务1，理解计步实现原理，知道计步实现需要设置两个阈值，分别判断有效波峰与有效波谷，完成一个周期，记录步数一次。接下来，结合OpenAIE启蒙硬件实际情况，通过实验，设置判断波峰有效的阈值为11，判断波谷有效的阈值为8，具体编程步骤如下。

步骤1　读取3个方向轴的加速度值，如图6.18所示。

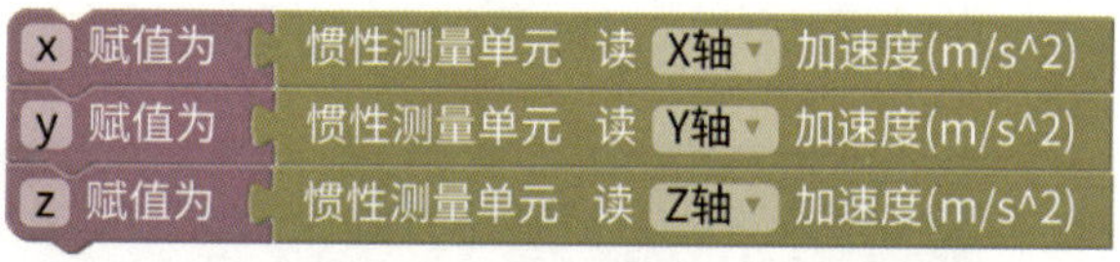

图6.18　读取加速度值

步骤2　计算并获取矢量长度。测量出X轴、Y轴、Z轴的加速度值后，根据公式计算出矢量长度。定义变量sum，存储矢量长度。计算矢量长度的图形化编程方法如图6.19所示。

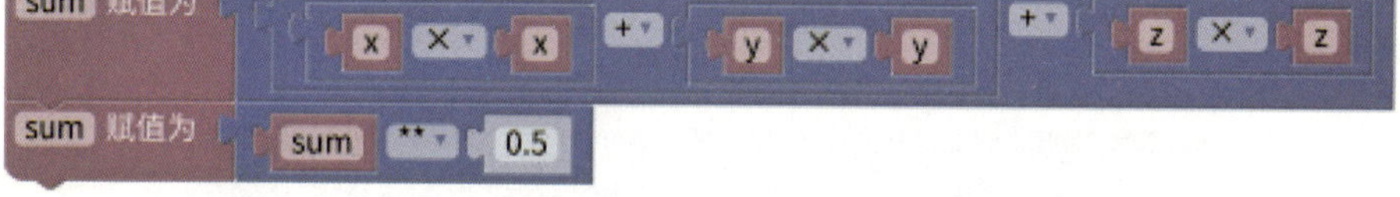

图6.19　计算矢量长度

步骤3　实现计步器的功能。

①判断有效波峰：使用比较运算符，比较实时计算出来的矢量长度与阈值11的大小即可，当矢量长度大于11时（图6.20），则认为是有效的波峰。

②判断有效波谷：使用比较运算符，比较实时计算出来的矢量长度值与阈值8的大小即可，当矢量长度小于阈值8时（图6.21），则认为是有效的波谷。

图6.20　判断有效波峰　　　　图6.21　判断有效波谷

③判断是否需要计算步数。计算步数，需要同时满足一个周期内具有有效波峰和有效波谷，已知一个数字是不可能同时满足既大于11又小于8的，使用布尔类型的变量，能够解决这个问题。使用变量模块中定义变量积木来定义变量flag，类型为布尔型，且赋初始值为真（True），表示有效波谷，如果赋值为假（False）则为无效波谷，通过条件语句积木判断，当矢量长度小于8时，表示有效波谷，将flag值赋值为真，如图6.22所示。

图6.22　计算步数

④存储记录步数。定义变量step，类型为整型，赋初始值为0。在计算矢量长度后，运用逻辑运算中的与运算，判断条件如同时满足具有有效波峰与有效波谷，步数增加1（图6.23）。

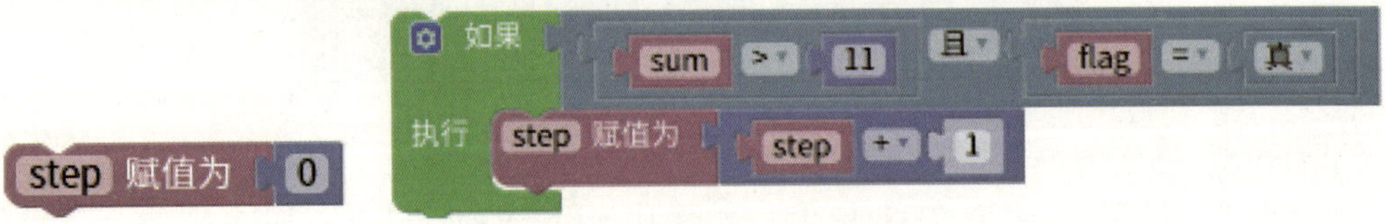

图6.23　存储记录步数

⑤计算步数增加1后，程序完成一次对波峰波谷的周期判断，需要将变量flag值赋值为假，使其处于无效状态，为下一次计算矢量长度并且判断是否记录步数做准备，如图6.24所示。

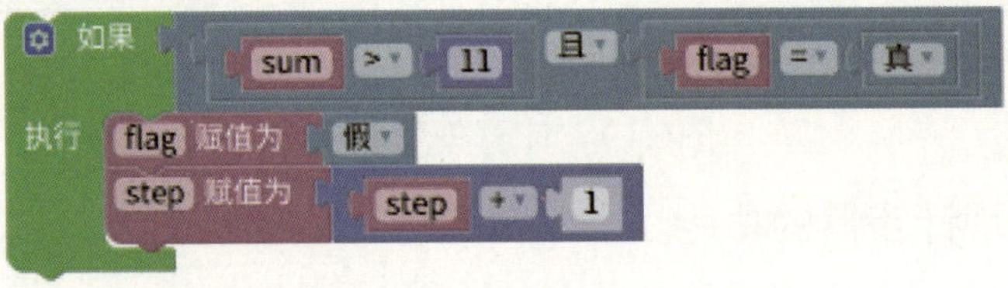

图6.24　准备计算下一次步数

步骤4　显示测量的3个轴方向的加速度值和步数。结合任务1显示数值的任务，完成字符显示，由于测量的加速度值为小数，要在使用转字符串进行显示前，将加速度值取整（图6.25）。

图6.25　加速度值和步数的显示

步骤5　完整程序如图6.26所示。

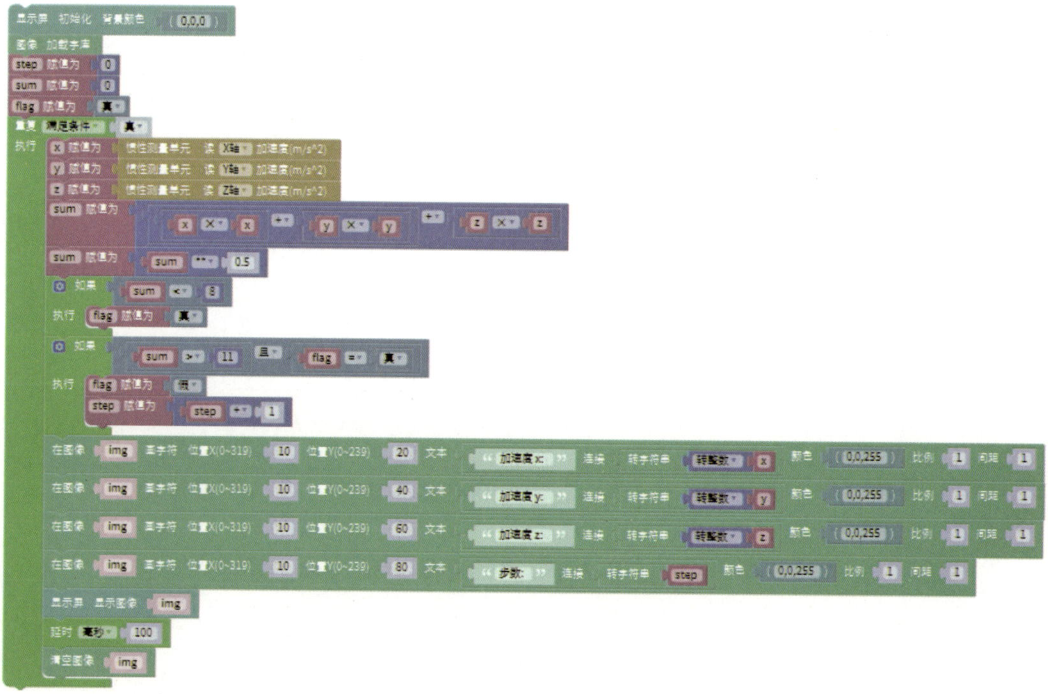

图6.26　完整的计步程序

三、探索与反思

（1）任务2中，设置矢量长度的阈值上限为11，下限为8，尝试修改这两个值，观察程序运行结果并解释原因。

（2）如果将定义变量step、sum、flag的积木程序放在循环语句的循环体内，程序运行结果如何？请尝试解释原因。

🎨 拓展实践

正常人一步的距离为45~60 cm，即从后脚的脚尖到前脚的脚跟距离为45~65 cm。可以根据身高来估算步距，男性的步距约为身高×0.415，女性的步距约为身高×0.413。请结合本项目所学内容，优化计步器的功能，实现估算当前步行距离的功能。

✏️ 记录成长

通过本项目的学习，你有哪些收获呢？在下表中记录下来。

学习内容	完成度
了解姿态传感器的工作原理及计步器计步的方法	☆☆☆☆☆
掌握布尔类型变量的定义及使用方法	☆☆☆☆☆
了解幂运算及逻辑运算符的使用方法	☆☆☆☆☆
能够结合OpenAIE启蒙硬件完成图形化编程，实现不同方向加速度值的测量与显示、计算步数等功能	☆☆☆☆☆
其他收获：	

美丽的图形

7

◇掌握在显示屏上绘制图形的工作原理。

◇掌握函数的概念、定义及用法。

◇掌握图形化编程中绘制直线、圆、矩形、十字、箭头等图形的方法。

◇能够结合OpenAIE启蒙硬件，编写程序实现绘制基本图形、彩带图形。

📠 情景与任务

点动成线，线动成面，面动成体，这是点、线、面、体之间的关系，这样的内在关系构成了美丽的现实世界。任何一个复杂的几何图形都是由若干个基本图形组合而成的，基本图形经过平移、翻转、旋转、改变大小等操作，可巧妙地构成复杂而美丽的图形。

将一个复杂图形中的基本图形分解出来，是解决问题必须具备的重要能力之一，而这需要在真正理解基本图形的基础上才能进行。观察图7.1，发现图中3个复杂图形的基本图形都是正五边形，从左到右正五边形的数量分别为5、8、10个。通过对基本图形的旋转组合操作，可构成这些复杂的图形。接下来，将结合OpenAIE启蒙硬件，通过编程绘制复杂而美丽的图形。

图7.1　由基本图形组成的复杂几何图形

🧪 设计与实践

一、图形化编程常识

函数（Function）：函数是组织好的，可重复使用的，用来实现单一或某些相关联功能的代码段。Function即功能的意思，函数的核心就是功能，不同的函数可以实现不同的功能。自定义函数中，参数可以有，也可以没有，需要根据实际需要来设置；函数可以有返回值，也可以没有，具体根据实际需要设定。使用函数时，需先定义，再调用。

实例：利用函数计算3+8=11，如图7.2所示。

（a）无参数无返回值　　　　　　　　（b）无参数有返回值

（c）有参数无返回值　　　　　　　　（d）有参数有返回值

图7.2　函数实例

二、任务实践

基本图形以一定的轨迹重复不断地运动，就能够绘制出美丽的图形。接下来，运用Mixly图形化编程软件，结合OpenAIE启蒙硬件来实现绘制并显示一幅精美的图形吧。让我们通过两个小任务进行实践。

任务1：绘制直线、箭头、圆形、十字、矩形等图形；

任务2：显示由基本图形构成的彩带图形。

任务1：绘制直线、箭头、圆形、十字、矩形等图形

想要在显示屏上画图或字符，需要确定一个点，比如取点x=160、y=120，那就意味着从这个点开始画图。在图形化编程软件OpenAIE启蒙模块中提供有画矩形、画圆形、画十字、画箭头等积木，可设置起点、终点、尺寸、颜色、线宽、填充与否等。接下来需了解相关积木的具体内容。

①画矩形积木（图7.3）。

在图像 **img** 画矩形 x [80] y [70] 宽 [60] 高 [60] 颜色 ([0,100,0]) 线宽 [1] 填充 [否▾]

图7.3 画矩形积木

- img：需要绘制图形或字符的图像
- x、y：矩形左端点的坐标值，在显示屏中用来确定矩形的显示位置
- 宽和高：矩形的长和宽的大小
- 颜色：矩形边框颜色
- 线宽：表示边的粗细程度，最小值为1，值越大，线条越粗
- 填充：可以控制绘制结果为矩形框或者矩形块

②画圆形积木（图7.4）。

在图像 **img** 画圆形 x [220] y [100] 半径 [30] 颜色 ([100,0,0]) 线宽 [1] 填充 [否▾]

图7.4 画圆形积木

- img：需要绘制图形或字符的图像
- x、y：圆形的圆心坐标，在显示屏中用来确定圆形的显示位置
- 半径：用来控制绘制圆形的大小
- 颜色：圆形线条的颜色
- 线宽：表示线条的粗细程度，最小值为1
- 填充：用来设置是否需要填充对应的颜色

③画十字积木（图7.5）。

在图像 **img** 画十字 x [80] y [180] 尺寸 [10] 颜色 ([100,100,0]) 线宽 [1]

图7.5 画十字积木

- img：需要绘制图形或字符的图像
- x、y：十字的中心点坐标
- 尺寸：用来设置绘制图形的大小
- 颜色：可以通过RGB值方法设置颜色
- 线宽：表示线条的粗细程度，最小值为1

④画箭头积木（图7.6）。

在图像 **img** 画箭头 起点x [20] 起点y [150] 终点x [60] 终点y [200] 颜色 ([0,100,100]) 线宽 [1]

图7.6 画箭头积木

- img: 需要绘制图形或字符的图像
- 起点x、起点y: 箭头的起点坐标
- 终点x、终点y: 箭头的终点坐标
- 颜色: 箭头的颜色
- 线宽: 表示线条的粗细程度, 最小值为1

实例: 编程实现在屏幕上绘制矩形, 要求背景颜色为白色, 自定义图形在屏幕中的位置及颜色, 程序如图7.7所示。

图7.7　绘制矩形程序实例

试一试: 请按照表7.1中的要求, 编程实践。

表 7.1　实践要求

序号	图形	要求
1	圆形	圆心 (50, 60); 半径50; 红色; 线宽10; 不填充
2	十字	任意位置; 尺寸20; 白色; 线宽3
3	箭头	起点 (10, 30); 终点 (80, 120); 线宽8

任务2: 显示由基本图形构成的彩带图形

将基本图形组合在一起, 可以形成美丽的图形, 那么如何才能快速又准确地绘制大量图形并进行组合呢? 定义绘制基本图形的函数, 多次调用函数, 就可以重复绘制大量类似图形了, 改变它们的位置、大小等, 可以组合成各种各样的图形。使用OpenAIE启蒙硬件, 运用函数的功能, 绘制一条由矩形和圆形构成的彩带, 效果如图7.8所示。具体步骤如下所述。

图7.8　绘制由矩形和圆形构成的彩带

步骤1　设置显示屏背景颜色为白色(图7.9)。

步骤2　确定彩带的起点位置。以坐标(0,120)为起点,并声明变量startX及变量startY,赋值为起点的坐标值,如图7.10所示。

图7.9　设置显示屏背景颜色　　　　图7.10　设置显示的起点位置

步骤3　定义绘制矩形的函数。

①定义函数rectangle。使用函数模块中定义命名函数的积木,拖到软件程序建构区,修改函数名称为rectangle,单击设置按钮添加形参并修改名字为"x""y",如图7.11所示。再次单击可以关闭参数的添加设置。

图7.11　定义函数rectangle

②绘制矩形。将OpenAIE启蒙模块中的绘制矩形积木,拖到函数的执行体部分,修改绘制矩形积木的参数设置。参考:起始点坐标为函数的参数x和y,矩形的宽度和高度为40和30,颜色为(0,100,0),线宽为1,不填充,如图7.12所示。

图7.12　绘制矩形

③定义绘制矩形的函数。将绘制矩形积木与显示图像积木放在函数的执行体部分(图7.13)。

步骤4　同理,定义绘制圆形的函数,如图7.14所示。

步骤5　绘制彩带图形。

图7.13　绘制矩形的函数

图7.14　绘制圆形的函数

①将控制模块中的有限循环积木拖到程序建构区，修改执行范围为0~40，坐标startX值每循环一次按8的倍数增大，如图7.15所示。

其中，i值为0、1、2、3、…、39；startX值为0、8、26、24、…、312。

图7.15　使用有限循环积木

②调用绘制矩形与圆形的函数，并将变量startX和变量startY的值作为参数。将变量模块中的调用函数积木拖到程序构建区，放置在循环语句的循环体中。其中，变量startX的值的变化可以实现彩带在显示屏水平方向上从左侧向右侧绘制；变量startY的值为初始值120且保持不变（图7.16）。

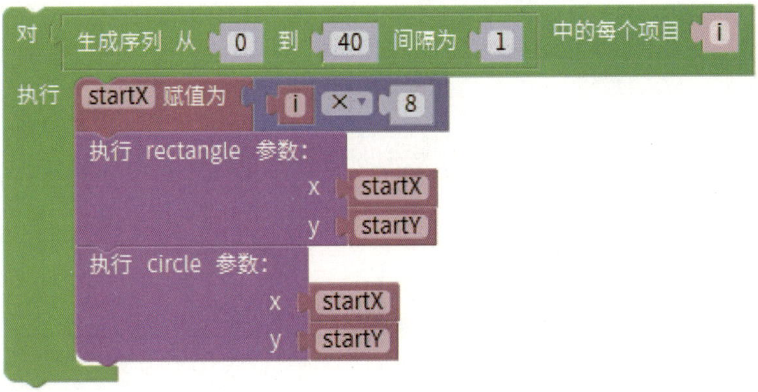

图7.16　调用绘制矩形与圆形的函数

③使彩带在显示屏竖直方向上居中显示。绘制圆形时以圆心坐标位置为起

点，绘制矩形时以矩形左上顶点位置为起点，要实现在竖直方向上居中显示彩带，绘制的圆形位置坐标应为（startX，startY），而前面绘制矩形的高度为30，绘制矩形的位置坐标为（startX，startY–15），如图7.17所示。

图7.17　在竖直方向上居中显示

步骤6　绘制彩带图形的完整程序如图7.18所示。

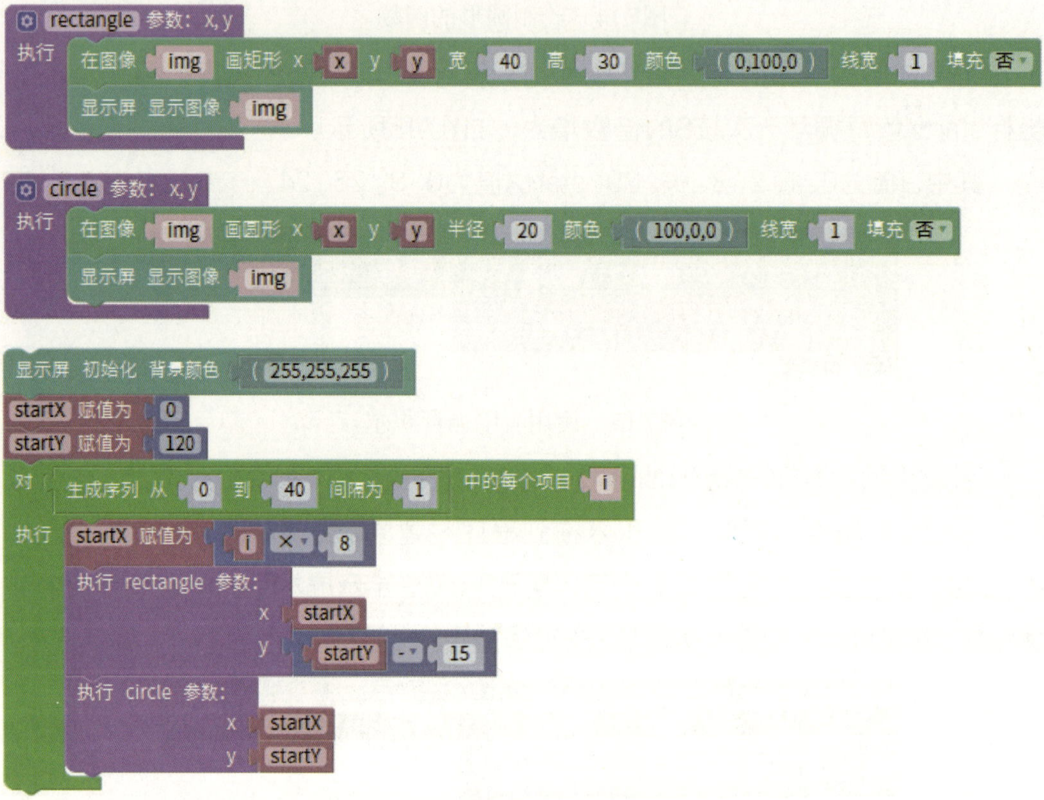

图7.18　绘制彩带图形的完整程序

三、探索与思考

（1）如果图形在显示屏中没有正确绘制出来，问题可能在哪里？请思考，并通过编程实践验证。

（2）如果使彩带的宽度增大，花纹变稀疏，该如何修改？请编程实践并解释说明。

拓展实践

使用简单的线条便可勾勒出美丽的图形。请发挥你的想象力，绘制奥运五环及"2022北京冬奥会"字样吧（图7.19）。

图7.19　绘制奥运五环图形及字样

记录成长

通过本项目的学习，你有哪些收获呢？在下表中记录下来。

学习的内容	完成度
知道显示屏绘制图形的工作原理	☆☆☆☆☆
学会函数的定义以及调用方法	☆☆☆☆☆
学会绘制直线、圆形、矩形、十字、箭头等图形	☆☆☆☆☆
学会利用基本图形绘制复杂图形	☆☆☆☆☆
结合OpenAIE启蒙硬件，编写程序实现绘制基本图形及彩带图形	☆☆☆☆☆
其他收获：	

电子水平仪

8

◎ 学习目标

◇了解气泡水平仪的工作原理。

◇掌握倾斜角度的计算方法。

◇掌握动态实时绘制倾斜线的方法。

◇能够结合OpenAIE启蒙硬件完成图形化编程实践，实现电子水平仪的功能。

情景与任务

如何确定一个物体或者平面是否水平呢？日常生活中我们经常会遇到这样的问题，比如如何确定墙壁上的画处于水平放置、房间地板如何保持水平、相机拍照时如何摆正、建筑地基如何保持平稳、飞机飞行途中如何确保机身角度正常、机床导轨水平调节是否正常等，这些都需要各种各样的水平仪（图8.1）来进行辅助测量。

图8.1　水平仪

气泡水平仪原理简单，主要利用浮力的作用来测量物体是否上下平行于水平面，左右是否发生倾斜，其中侧面的气泡是用来测左右倾斜的，使用时需要把水平仪放在物体平面上，如果气泡处在中间位置则说明左右未发生倾斜。

设计与实践

一、图形化编程常识

气泡水平仪：气泡水平仪在测量水平面时，需要将水平仪放在物体的平面上，当物体平面左高右低时，气泡在浮力的作用下向左移动，液体在重力的作用下向右移动；相反，当物体平面左低右高时，气泡在浮力的作用下向右移动，液体在重力的作用下向左移动；当物体处于平面水平时，气泡则处在中间位置，如图8.2所示。当平面左边高右边低时，气泡往红色箭头方向移动，液体往蓝色箭头方向流动；当平面左边低右边高时，气泡

图8.2　气泡水平仪

往蓝色箭头方向移动,液体往红色箭头方向流动。

直角三角形(图8.3):直角三角形是一种特殊的三角形,它除了具有一般三角形的性质外,还具有一些特殊的性质。如:当知道BC斜边长度时,可以求出其他两条直角边AB和AC的长度,$AB=BC \times \cos 30°$,$AC=BC \times \sin 30°$。

假设$BC=10$,在图形化编程中求边长AC和AB的长度的积木如图8.4所示。

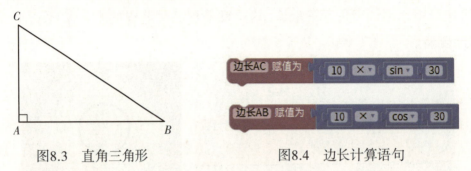

图8.3　直角三角形　　　　　　　图8.4　边长计算语句

二、任务实践

气泡水平仪利用浮力的作用可以测量物体或平面是否水平。本项目将学习使用OpenAIE启蒙硬件集成的惯性测量单元探究水平仪的功能,并通过两个小任务进行实践。

任务1:绘制基准线;

任务2:模拟动态测量水平度。

任务1:绘制基准线

绘制一条水平线段,该线段经过屏幕中心点,将它作为水平基准线。须认识图形化软件提供的绘制直线积木。绘制直线积木,可以设置起点和终点坐标来确定固定长度的线条,同时还可以设置线条颜色和线条宽度,其默认参数起点坐标为(100,200),终点坐标为(200,200),颜色为(0,100,100),线宽为1,如图8.5所示。

图8.5　绘制一条线段

接下来使用画线积木绘制基准线,具体步骤如下所述。

步骤1　初始化显示屏。直线需要显示在显示屏上,选择显示屏模块中的显示屏初始化积木,设置显示屏背景颜色(图8.6)。

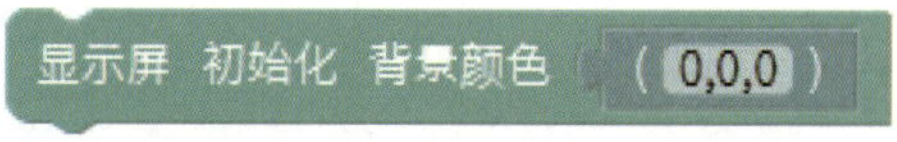
显示屏 初始化 背景颜色 (0,0,0)

图8.6 设置显示屏背景颜色

步骤2 绘制一条水平线段即为基准线。由于该基准线的绘制是以屏幕为中心点，故确定起点、终点的y值为120，而x值依据水平线段长短确定。确定起点坐标为(50，120)，终点坐标为(270，120)，颜色为(0，255，0)，线宽为3像素，如图8.7所示。

在图像 img 画线 起点x 50 起点y 120 终点x 270 终点y 120 颜色 (0,255,0) 线宽 1

图8.7 绘制基准线

步骤3 显示基准线(图8.8)。

在图像 img 画线 起点x 50 起点y 120 终点x 270 终点y 120 颜色 (0,255,0) 线宽 1
显示屏 显示图像 img

图8.8 显示基准线

步骤4 绘制基准线的完整程序及运行效果如图8.9和图8.10所示。

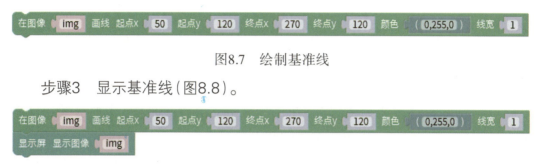

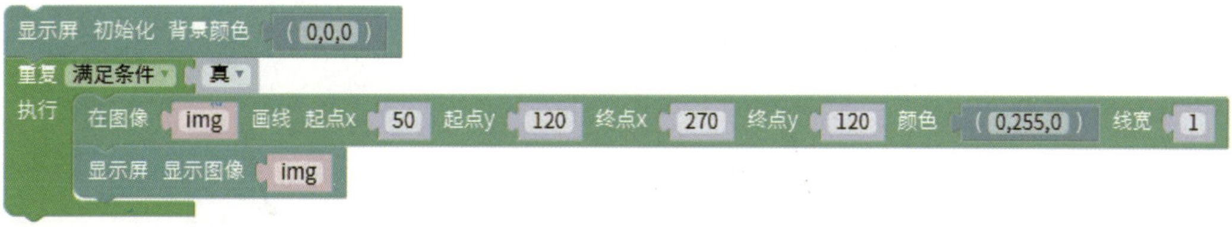
显示屏 初始化 背景颜色 (0,0,0)
重复 满足条件 真
执行
在图像 img 画线 起点x 50 起点y 120 终点x 270 终点y 120 颜色 (0,255,0) 线宽 1
显示屏 显示图像 img

图8.9 绘制基准线的完整程序

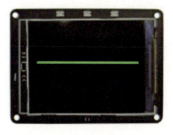

图8.10 绘制基准线的运行效果

任务2：模拟动态测量水平度

用示意图模拟水平仪，以基准线表示水平面，倾斜线来表示气泡的偏移程度，如图8.11所示。当平面左高右低时，倾斜线对应左高右低倾斜；反之，倾斜线左低右高倾斜。

如何模拟测量水平度的功能呢？绿色的基准线是稳定不变的，红色的倾斜线是随着倾斜角度动态变化的，因此模拟测量水平度的功能，只需实时动态绘制出倾斜线就可以实现了。通过观察发现，当倾斜角度越大，倾斜线与基准线构成的角也就越大，表示水平面也越倾斜，如图8.12所示。

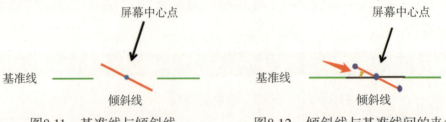

图8.11　基准线与倾斜线　　　　图8.12　倾斜线与基准线间的夹角

要绘制倾斜线需要知道端点坐标，计算端点的位置坐标，应先计算出倾斜的角度，再利用绘制直线积木便可以绘制出倾斜线。

如何计算倾斜的角度？当模块向左倾斜，即倾斜线左低右高，导致倾斜线的状态如图8.13（b）所示；如果模块向右倾斜，即倾斜线左高右低，导致倾斜线的状态如图8.13（a）所示。如何确定倾斜线的端点坐标并绘制直线呢？假设倾斜线上3个点从左向右的坐标表示为(x_0, y_0)、(x, y)、(x_1, y_1)。

（a）模块向右倾斜　　　　　　（b）模块向左倾斜

图8.13　倾斜线的倾斜状态

从端点(x_0, y_0)、(x_1, y_1)向基准线作垂直线形成直角三角形，利用直角三角形计算直角边长，并根据中心点坐标计算出端点的坐标值，使用绘制直线积木绘制出倾斜线（图8.14）。

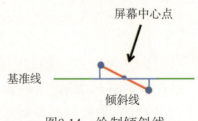

图8.14　绘制倾斜线

接下来，实时绘制动态变化地倾斜线模拟水平测量的功能，具体步骤如下所示。

步骤1 初始化显示屏，设置背景颜色（图8.15）。

图8.15 设置显示屏背景颜色

步骤2 绘制水平基准线。水平基准线经过屏幕中心点，两端长度相同且在同一水平位置。已知绘制直线需要确定线段两端点的坐标，基准线处于屏幕竖直方向的居中位置，其y值为120，x值可以根据具体情况设置，这里方便教学示例，将其设置为（50,120），（90,120），（230,120），（270,120），如图8.16所示。

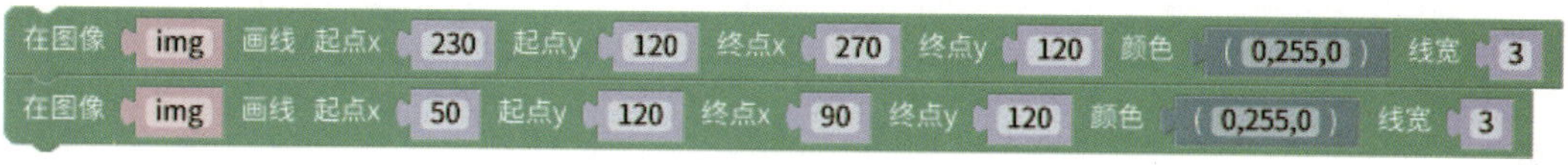

图8.16 绘制水平基准线

步骤3 模块向右倾斜，绘制倾斜线。

①测量X轴、Y轴的加速度值。倾斜线的倾斜角度是随着模块的倾斜而动态变化的，并导致倾斜线段端点的变化。通过惯性测量单元检测模块在不同方向的运动情况，那么就可以测量获取模块在X轴、Y轴方向的加速度值（图8.17）。

图8.17 测量加速度值

②确认倾斜线的长度。以OpenAIE启蒙硬件屏幕的中心点坐标（160,120）为倾斜线的中心；倾斜线的长度设置为130像素，其一半为65像素，如图8.18所示。

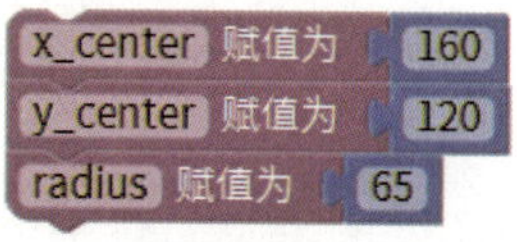

图8.18 确认倾斜线的长度

③计算倾斜线倾斜角度的大小。定义变量angle_rad，存储计算的倾斜角度大小。根据计算公式，使用Y轴的加速度值可以计算出倾斜角度（图8.19）。

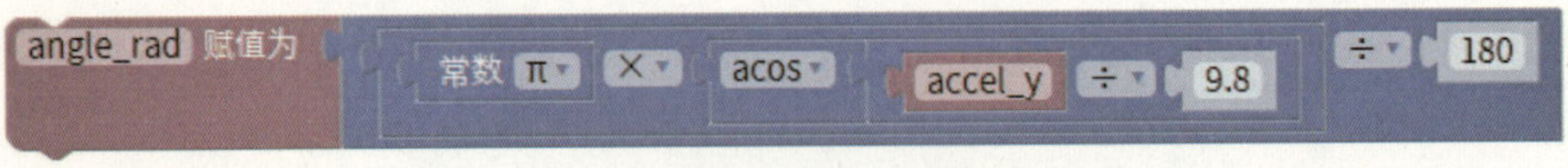

angle_rad 赋值为
常数 π
×
acos
accel_y
÷
9.8
÷
180

图8.19　计算倾斜线倾斜角度的大小

④计算倾斜线段的端点坐标。变量angle_rad存储倾斜角度值，变量x_center存储中心点横坐标，变量y_center存储中心点纵坐标，变量radius存储倾斜线长度，如图8.20所示。

x0 赋值为 转整数 x_center - radius × cos angle_rad
y0 赋值为 转整数 y_center - radius × sin angle_rad
x1 赋值为 转整数 x_center + radius × cos angle_rad
y1 赋值为 转整数 y_center + radius × sin angle_rad

图8.20　计算倾斜线段的端点坐标

⑤绘制倾斜线（图8.21）。

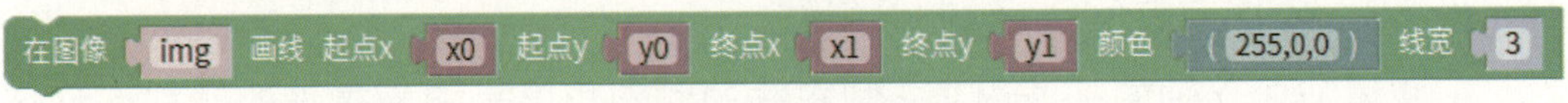

在图像 img 画线 起点x x0 起点y y0 终点x x1 终点y y1 颜色 (255,0,0) 线宽 3

图8.21　绘制倾斜线

步骤4　模块向左倾斜，绘制倾斜线。结合惯性测量单元的使用方法，可以依据X轴加速度值是否小于0，来判断是否发生左倾斜，即X轴的加速度值小于0，模块为向左倾斜，倾斜线左低右高。当其小于0时，可以通过数学计算，将其转换为方便计算的正值，并计算绘制线段，如图8.22所示。

如果 accel_x < 0
执行 angle_rad 赋值为 常数 π - angle_rad
如果 angle_rad > 0
执行 x0 赋值为 转整数 x_center - radius × cos angle_rad
y0 赋值为 转整数 y_center - radius × sin angle_rad
x1 赋值为 转整数 x_center + radius × cos angle_rad
y1 赋值为 转整数 y_center + radius × sin angle_rad
在图像 img 画线 起点x x0 起点y y0 终点x x1 终点y y1 颜色 (255,0,0) 线宽 3

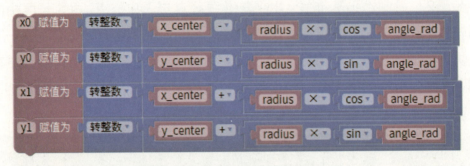

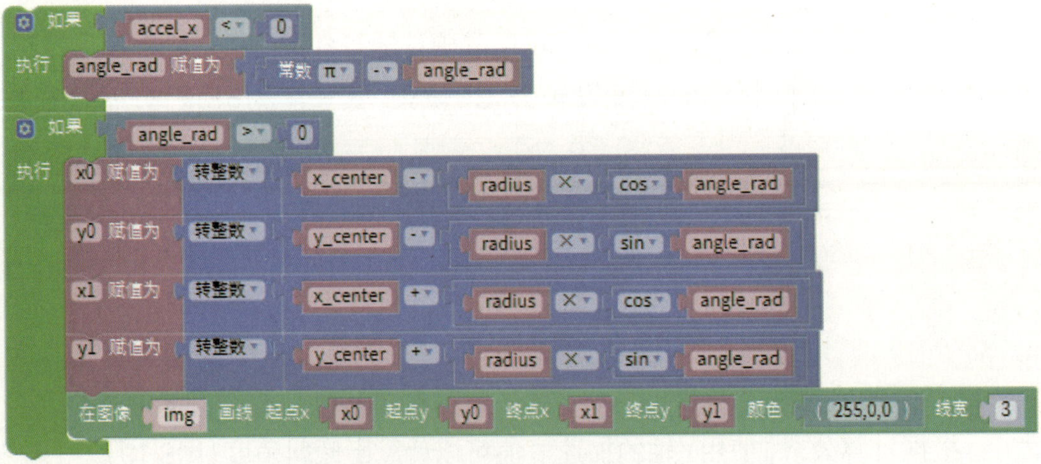

图8.22　绘制倾斜线

步骤5 模块水平放置,倾斜线为水平状态,颜色为绿色(图8.23)。

在图像 img 画线 起点x 95 起点y 120 终点x 225 终点y 120 颜色 (0,255,0) 线宽 3

图8.23 画水平状态线

步骤6 更新显示图像。采用显示图像、延时、清空图像的方式更新显示图像内容(图8.24)。

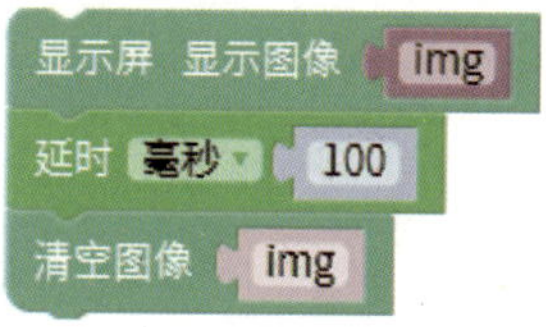

显示屏 显示图像 img
延时 毫秒 100
清空图像 img

图8.24 更新显示图像

步骤7 完整的实现水平检测功能的程序如图8.25所示。

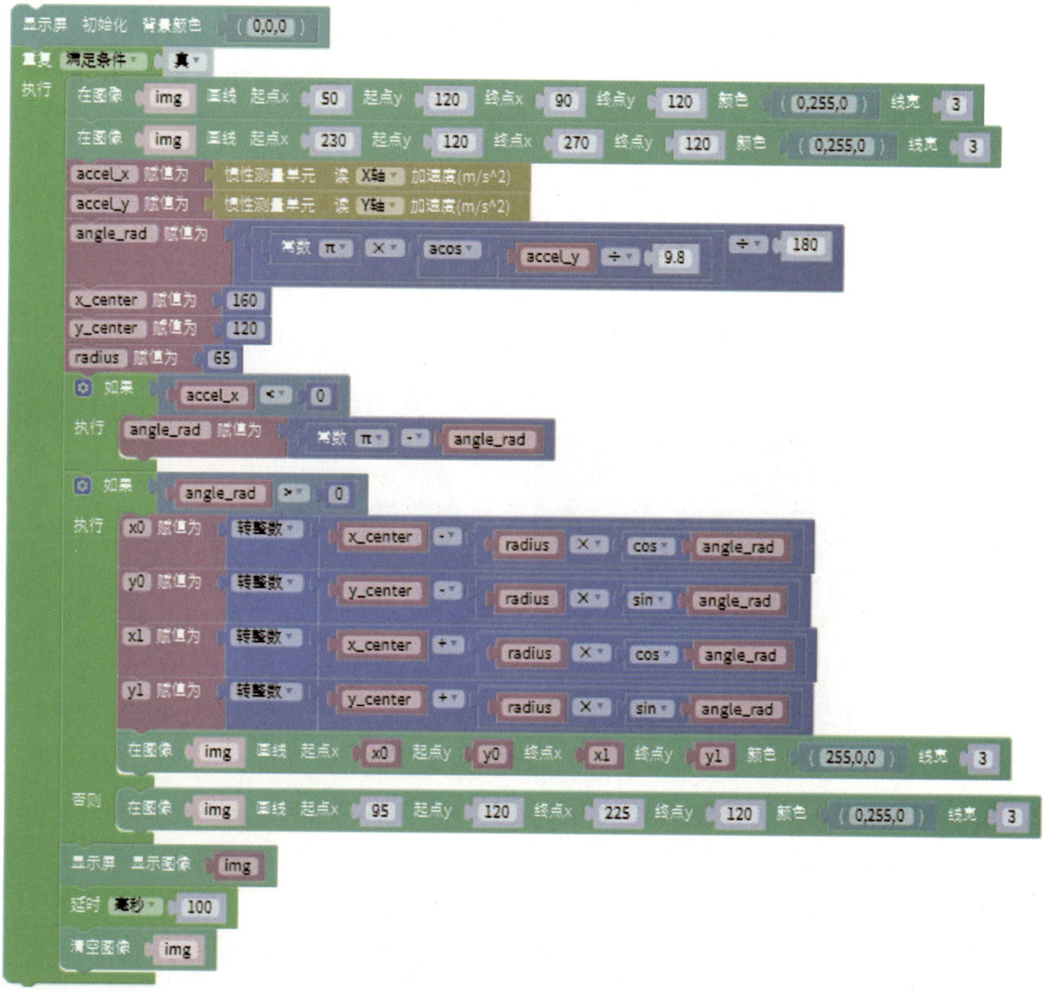

图8.25 完整的实现水平检测功能的程序

将完整程序编译并上传到OpenAIE启蒙硬件，运行效果如图8.26所示。

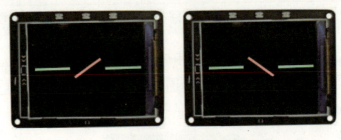

图8.26　水平检测程序的运行效果

三、探索与思考

（1）在实际测量过程中，若能反馈倾斜的角度信息，就能够帮助使用者更准确地调整目标位置。请尝试设计如何反馈角度信息。

（2）在设计显示右倾或者左倾的程序功能时，当左倾斜角度为负数时，使用常数π减去角度值进行转换，除了这种方法，还可以如何解决角度负值的问题？请尝试编程解决。

拓展实践

气泡水平仪有不同的形态，但是应用的原理一致。请同学们结合本项目学习的知识内容，尝试编程实现圆形的气泡水平仪功能（图8.27）。

图8.27　圆形的气泡水平仪

记录成长

通过本项目的学习，你有哪些收获呢？在下表中记录下来。

学习的内容	完成度
理解气泡水平仪的工作原理	☆ ☆ ☆ ☆ ☆
理解电子水平仪的实现原理与工作过程	☆ ☆ ☆ ☆ ☆
掌握惯性测量单元的工作原理以及编程使用方法	☆ ☆ ☆ ☆ ☆
掌握图形化编程中绘制直线积木的使用方法	☆ ☆ ☆ ☆ ☆
能够结合OpenAIE启蒙硬件完成图形化编程实践，实现绘制线段、检测水平度等功能	☆ ☆ ☆ ☆ ☆
其他收获：	

语音交互的 AI 相机

◎学习目标

◇了解OpenAIE启蒙硬件摄像头成像的工作原理。

◇认识OpenAIE硬件的语音识别功能，初步了解语音识别及交互的过程。

◇掌握图形化编程中条件嵌套结构的使用方法。

◇掌握OpenAIE启蒙硬件语音识别功能的用法。

◇能够结合OpenAIE启蒙硬件完成图形化编程，实现显示屏显示摄像头内容、语音控制拍摄、存储拍摄图像等功能。

🖥 情境与任务

　　在人工智能（Artificial Intelligence，AI）时代，AI产品在日常生活中常有使用，主要功能有人脸识别、文字识别、语音识别、图像识别、智能机器人等。这些AI技术与相机结合，使得相机产生了更多的可能性。融合AI技术的拍照功能层出不穷，如通过内置AI算法优化适应拍照的光线条件，自动识别人脸及跟踪人物目标使人物处于画面的中心，语音识别交互的方式辅助参数调节，实现定时拍摄、定点拍摄、自动拍摄、语音控制拍摄（图9.1）等。接下来，结合OpenAIE启蒙硬件，探索使用硬件实现语音交互的AI相机吧。

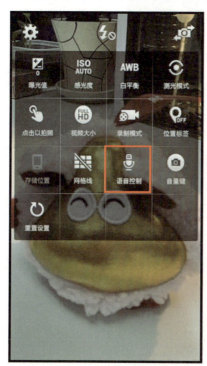

图9.1　AI智能拍照功能

🧪 设计与实践

一、图形化编程常识

　　条件语句的嵌套：在一个条件语句中又包含了一个或多个条件语句的结构。流程图如图9.2所示。

实例：在成年的前提下，如果考试成绩优秀，可以去旅行，否则，在家继续学习，如图9.3所示。

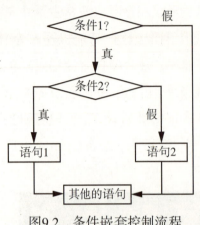

图9.2　条件嵌套控制流程　　　　　图9.3　条件嵌套控制程序实例

二、任务实践

随着科技的进步，越来越多的摄录设备支持人工智能的应用，如语音拍照、语音摄像等。接下来，运用Mixly图形化编程软件，结合OpenAIE启蒙硬件来实现智能语音拍照吧，通过3个小任务进行实践。

任务1：显示屏显示摄像头拍摄画面；

任务2：实现语音交互控制RGB灯；

任务3：语音控制拍照及浏览图像的功能。

任务1：显示屏显示摄像头拍摄画面

要完成任务1，须认识OpenAIE启蒙硬件摄像头。

彩色摄像头：OpenAIE启蒙硬件模块集成200万像素的彩色摄像头，如图9.4所示。其主要原理是，景物通过镜头（Lens）生成的光学图像投射到图像传感器（CMOS Sensor）表面转为电信号，经过A/D（模数转换）转换后变为数字图像信号，并传送到数字信号处理芯片（DSP）中加工处理，通过接口传输到显示屏就可以看到图像，如图9.5所示。

影像捕捉速率：摄像头工作的关键条件，主要指当前硬件条件。摄像头每秒捕捉或拍摄图像的速率，一般来说为30帧/s，即1 s内能够连续拍摄获取30张图像。因此，摄像头在拍摄过程中，会按照一定的影像捕捉速率进行拍摄，并将一段固定时间内拍摄的图像帧连接起来形成动态的视频,如图9.6所示为单帧图像与构成视频的多帧图像的关系。

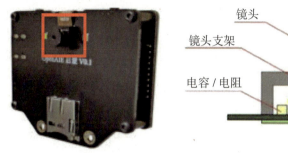

图9.4　OpenAIE启蒙硬件的摄像头 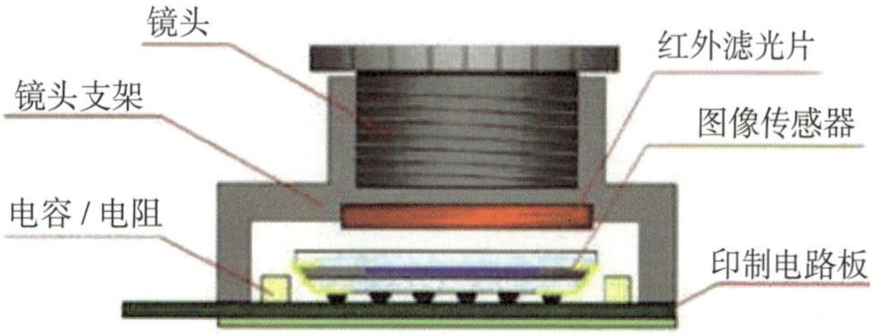　　　　图9.5　摄像头的组成结构

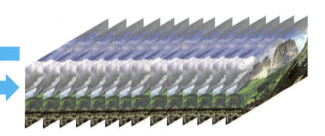

（a）单帧图像　　　　　　　　　（b）构成视频的多帧图像

图9.6　图像帧与视频流

在图形化编程软件中,传感器模块中有提供摄像头编程积木,可以设置摄像头的基本格式、图像捕获的状态等。

摄像头初始化积木(图9.7),可以设置画面帧格式、帧大小、图像捕获状态3个参数。其中,帧格式用于设置图像的画面,主要有彩色、灰度、YUV422这3种格式;帧大小主要用于设置图像的分辨率大小,支持640×480、320×240、160×320这3种;图像捕获用于设置摄像头的开启与关闭。

> 摄像头 初始化 帧格式: 彩色 ▼ 帧大小: QVGA(320x240) ▼ 图像捕获: 开启 ▼

图9.7　摄像头初始化积木

摄像头捕获图像积木,用于获取摄像头拍摄的图像内容,并将其返回给特定的对象。

实例:将摄像头拍摄的图像赋值给变量img(图9.8)。

> 摄像头 捕获图像　　　img 赋值为 摄像头 捕获图像

图9.8　摄像头捕获图像积木的实例

摄像头画面设置积木,可以设置水平镜像与垂直反转效果(图9.9)。

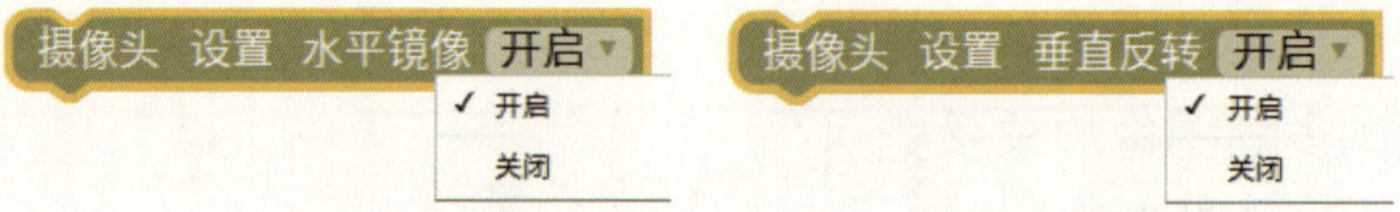

图9.9　摄像头图像捕捉方式的设置

接下来，编程实现显示屏显示摄像头拍摄画面的功能，具体的步骤如下所述。

步骤1　设置显示屏背景颜色、摄像头拍摄参数。在显示屏模块中选择显示屏背景颜色设置积木，设置背景颜色为黑色（0，0，0），选择传感器模块中摄像头初始化积木，设置帧格式为彩色，帧大小格式为QVGA，图像捕获为开启状态（图9.10）。

图9.10　摄像头工作方式初始化设置

步骤2　摄像头捕获图像。定义变量img，并将摄像头捕获的图像赋值给变量img（图9.11）。

图9.11　利用摄像头捕获图像

步骤3　显示屏显示图像（图9.12）。

图9.12　显示捕获到的图像

步骤4　实时显示摄像头拍摄画面。将摄像头拍摄图像语句与显示图像语句放在无限循环结构的循环体中，实现显示屏连续显示每一帧图像，完整程序如图9.13所示。

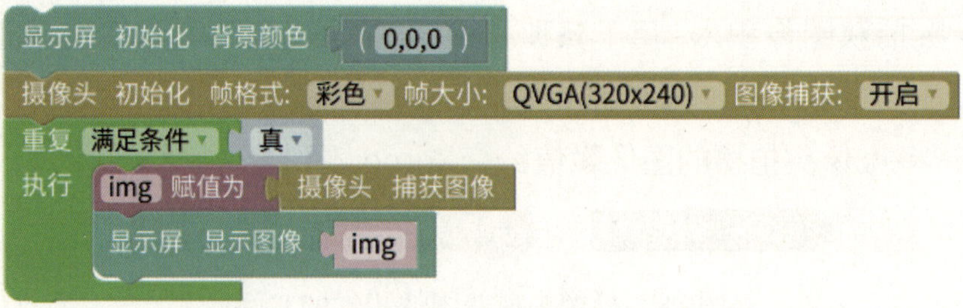

图9.13　实时显示拍摄视频

任务2：实现语音交互控制RGB灯

要完成任务2，须认识OpenAIE启蒙硬件的语音识别功能。

语音识别及交互：OpenAIE启蒙硬件集成语音识别芯片，如图9.14（a）中红色线框标识部分所示，可以实现语音识别功能，能对人们的话语进行识别，通过语音来控制设备的运行，语音识别可在模块中预设命令词，当识别到用户说的命令词时，会通过计算得出最大概率的识别结果——命令词ID，通过读取命令词ID，即可判别用户的命令。硬件通过显示屏下方收音孔收音，如图9.14（b）中红色线框标识所示，随后将命令信号传输给语音识别芯片。

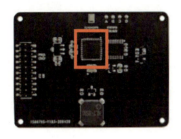

（a）语音识别芯片　　　　　（b）硬件收音孔位置

图9.14　OpenAIE启蒙硬件的语音识别部件

在图形化编程软件中，传感器模块有与语音识别控制相关的积木，能够初始化语音识别功能、设定关键词、开始识别、读取识别结果等。

设定关键词积木，可以设置命令关键词、返回值两个参数。其中，命令关键词为汉语拼音样式，且每一个音节需要使用空格间隔，如：ni+空格+hao；返回值范围为［1，100］，当通过收音孔识别到该命令时，返回该值，用来作为识别成功与否的条件，如图9.15所示。

图9.15　语音识别设定关键词模块

语音识别初始化积木如图9.16所示。

语音识别开始识别积木（图9.17）可以打开语音识别功能，等待识别。

语音识别读取识别结果积木（图9.18），通过识别收音孔获取的音频信息，进行匹配并返回特征值。

语音识别　初始化　　　　　语音识别　开始识别　　　　语音识别　读取识别结果

图9.16　初始化 　　　　　图9.17　开始识别 　　　　图9.18　读取识别结果

如要实现语音控制RGB灯的打开、关闭及点亮颜色，需要先确定关键词命令及其返回值，见表9.1。

表 9.1 关键词及其返回值

序号	关键词	关键词定义	返回值
1	开灯	kai deng	1
2	关灯	guan deng	2
3	红	hong	3
4	绿	lv	4
5	蓝	lan	5

编程实现任务2的功能，具体的步骤如下所述。

步骤1 启动语音识别功能。

①在传感器模块中使用语音识别初始化积木（图9.19），打开模块的语音识别功能。

语音识别 初始化

图9.19 初始化

②依据表9.1设置语音识别关键词（图9.20）。需要注意的是，关键词汉语拼音的音节之间需要使用空格隔开。

图9.20 设置一组语音识别关键词

③开启识别状态（图9.21）。

语音识别 开始识别

图9.21 启动语音识别

④定义变量res，保存语音识别的结果（图9.22）。

res 赋值为 语音识别 读取识别结果

图9.22 保存语音识别结果

步骤2 识别返回值，RGB灯对应点亮，如图9.23所示。

步骤3 完整的语音控制彩灯程序如图9.24所示。

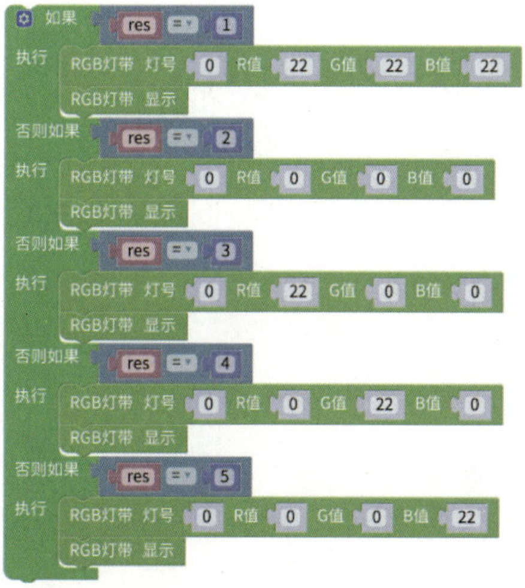

图9.23 根据识别结果点亮RGB灯　　图9.24 完整的语音控制彩灯程序

任务3：语音控制拍照及按键浏览图像的功能

传统的相机在拍摄图像时，按下快门拍摄图像，按下浏览按键查看拍摄的图像。如果将快门改为使用语音识别的方式，那么相机拍摄图像的过程如图9.25所示。

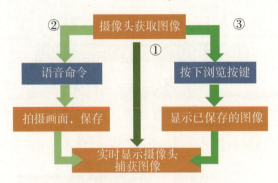

图9.25　利用语音识别控制拍摄流程

编程实现任务3的功能，具体的步骤如下所述。

步骤1　启动语音识别功能。

①在传感器模块中使用语音识别初始化积木（图9.26），打开模块的语音识别功能。

语音识别　初始化

图9.26　语音识别初始化

②设定语音识别关键词。如关键词使用汉语拼音"qie zi"，返回值为2（图9.27）。需要注意的是，关键词汉语拼音的音节之间需要使用空格隔开。

图9.27　设定关键词

③开启识别状态（图9.28）。

语音识别　开始识别

图9.28　启动语音识别

④定义变量res，保存语音识别的结果（图9.29）。

res 赋值为 语音识别　读取识别结果

图9.29　保存结果

步骤2　拍摄并保存图像，如图9.30所示。

图9.30　拍摄并保存图像

①保存图像。定义变量image_path，用来存储图像。定义变量num并赋初始值num=0，用来记录拍摄的图像顺序，这里按照固定符号格式规定图像的文件名，其格式为固定字符+序号+格式后缀，如photo_0.bmp，表示保存的第一张图像的文件名（图9.31）。

图9.31　设置保存图像的文件名

②保存图像到图像文件下。在OpenAIE启蒙模块中使用保存图像积木，将拍摄的图像保存在图像文件下，如图9.32所示。

图9.32　保存到图像文件下

③显示正在保存图像的过程信息（图9.33）。

图9.33　显示保存过程

④统计当前拍摄图像的序号。提示完成后，清空显示的字符，并将变量num增加1（图9.34）。

步骤3　通过按键操作，浏览保存的图像。因为按键抖动会引起按一次被误读多次，造成检测的不准确，所以采用软件方法消除抖动。方法是当检测出按键按下后执行一次10~20 ms的延时程序，减少信号误读；再一次检测按键的状态，如仍保持闭合状态，则确认按键按下，执行相应的操作，如图9.35所示。

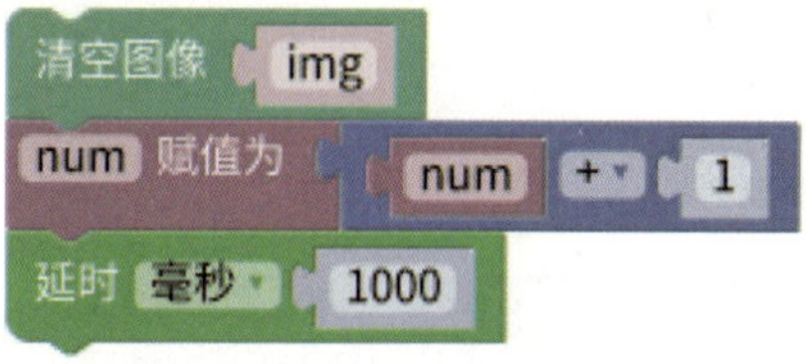

9.34　累计拍摄的数量　　　　　　　　图9.35　消除抖动

①显示保存的图像，如photo_0.bmp（图9.36）。

②为防止按键长时间按下或误触，应做重复检测操作，如图9.37所示。

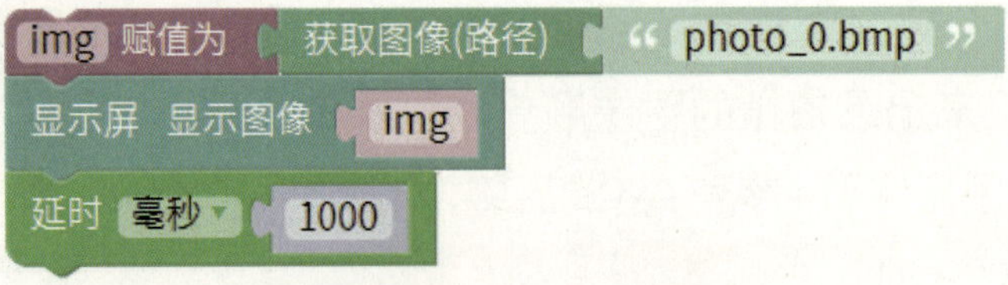

图9.36　显示保存的图像

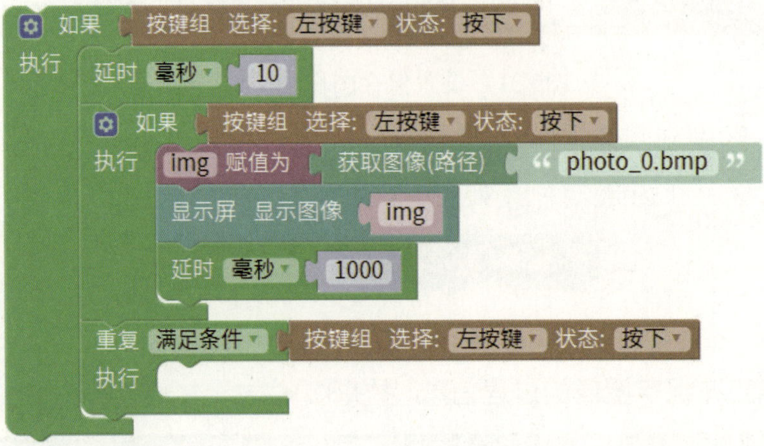

图9.37　重复检测

步骤4　完整程序及运行结果如图9.38、图9.39所示。

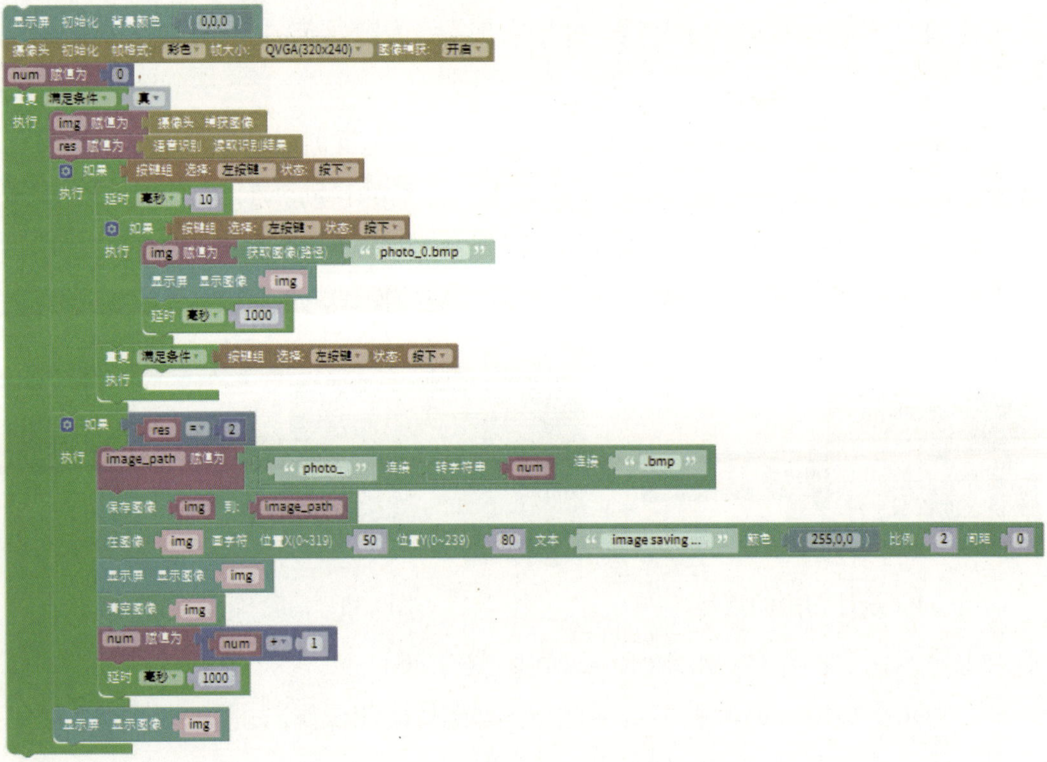

图9.38　完整的语音控制拍摄程序

图9.39 程序运行结果

三、探索与思考

（1）语音识别控制拍照时，如果换不同的人，能否识别成功呢？如果效果不好，请思考是什么原因。

（2）如果拍摄出来的照片倒立显示，请查找摄像头的相关参数并修改设置（图9.40），尝试解决这个问题。

图9.40 设置相关参数

拓展实践

语音控制拍照可以解放双手。请应用语音识别功能让语音AI相机的实用性更强，如拍照时，语音控制回放照片、语音控制选择保留还是删除照片。请设计并编程实践。

记录成长

通过本项目的学习，你有哪些收获呢？在下表中记录下来。

学习的内容	完成度
知道OpenAIE启蒙硬件摄像头的工作原理	☆☆☆☆☆
初步了解语音识别及交互的过程	☆☆☆☆☆
学会通过图形化编程获取图像帧	☆☆☆☆☆
学会合理使用条件嵌套结构	☆☆☆☆☆
学会使用OpenAIE启蒙硬件语音识别功能	☆☆☆☆☆
学会结合OpenAIE启蒙硬件完成图形化编程,实现显示屏显示摄像头内容、语音控制拍摄、存储拍摄图像等功能	☆☆☆☆☆
其他收获:	

识别颜色的
机器人

◻ 学习目标

◇了解计算机视觉中颜色识别技术的基本原理。

◇掌握元组的定义及使用方法。

◇应用OpenAIE启蒙硬件和图形化编程相关模块实现颜色跟踪识
　别功能。

◇针对生活应用场景，进一步开展创意设计，设计具有实用价值的
　颜色跟踪应用系统。

📧 **情景与任务**

颜色识别是人工智能的一个重要应用领域,颜色识别技术在生活中应用普遍(图10.1)。比如,在无人智能驾驶系统中,红绿灯识别是一项基本技术,利用智能车的前置摄像系统,对实时捕捉到的图像帧进行处理和分析,发现前方的交通指示装置,然后对交通装置区域里的颜色块进行检测,实现红绿灯的识别,引导智能车的运动。乒乓球机器人能快速发现单一颜色的小乒乓球,并持续跟踪乒乓球的位置变化,引导机械臂完成击球动作。对红绿灯、乒乓球的快速识别和持续跟踪,利用的是机器视觉中的颜色检测技术,可以对视频图像帧中的颜色区块自动进行实时检测和目标跟踪。

图10.1　颜色识别的应用

人眼对图像中各种颜色的识别通过视网膜的感知以及大脑的处理来完成。那么,机器是如何对图像画面中的颜色进行识别的呢? 接下来,让我们结合OpenAIE启蒙硬件,探究计算机视觉功能识别颜色的奥秘吧。

🧪 **设计与实践**

一、图形化编程常识

颜色空间:计算机系统中用来表示现实世界各种颜色的色彩模型。简单来说,颜色空间就是一种颜色模型,常用的颜色模型有RGB、LAB、HSV、YUV等,在日常生活中,RGB颜色模型最为常用。

RGB颜色模型:一种加色模型,将RGB三原色(红、绿、蓝)的色光以不同的比例相加,以产生多种多样的色光(图10.2)。

- 自然界的任何光色都可以由3种光色按不同的比例混合而成。

●三原色之间是相互独立的,任何一种光色都不能由其余的两种光色组成。

●混合色的饱和度由3种光色的比例来决定,混合色的亮度为3种光色的亮度之和。

Lab模型:基于人对颜色的感觉,由亮度L和有关色彩的a、b共3个要素组成(图10.3)。L用于表示像素的亮度,取值范围是[0,100],当L=50时,相当于50%的黑色。a、b的值域都是[−128,127]。当x=−128时,a是绿色,b是蓝色;当x渐渐过渡到127时,a渐渐变成红色,b渐渐变成黄色。所有的颜色都可以由这3个值交互变化组成。例如,当L、a、b取值为(100,80,−30)时为紫色。

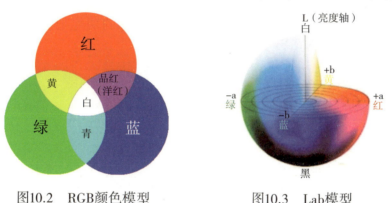

图10.2　RGB颜色模型　　　　图10.3　Lab模型

元组(tuple):与列表类似,元组也是由任意类型元素组成的序列。与列表不同的是,元组是不可变的,因此,元组就像一个常量列表。除元素不可修改外,元组和列表的用法差不多,元组通常用于保存不同类型的数据。

实例:获取元组的长度和取元组的值(图10.4)。

图10.4　元组初始化、获取元组长度及取值

遍历:按照某条搜索路线,依次对数据信息进行访问处理。在图形化编程中,常使用循环语句对列表中的每一个数据信息进行遍历。

实例:将10个同学的数学成绩输出显示(图10.5)。

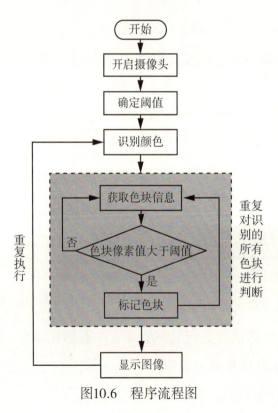

图10.5 输出显示

二、任务实践

颜色识别是依次对每一帧图像的像素点进行颜色检测，将检测出来的相同颜色的像素点连通得到目标色块，完成颜色检测工作。接下来，运用Mixly图形化编程软件，结合OpenAIE启蒙硬件来探究颜色识别的功能吧。我们通过两个任务进行实践：

任务1：识别蓝色。

任务2：识别红、绿、蓝3种颜色。

任务1：识别蓝色

在计算机视觉的颜色识别中，阈值分割是常用的一种简单高效的方法，简单来说就是依据Lab颜色模型，确定需要识别颜色的L、a、b值范围作为识别的依据，声明元组变量，存放颜色检测阈值范围。元组列表中每个元组需要6个参数值（l_lo, l_hi, a_lo, a_hi, b_lo, b_hi），分别是Lab颜色模型中L、a和b的最小值和最大值，如蓝色的阈值范围为（0, 100, −128, 127, −128, −31）。接下来，利用图形化编程库中的机器视觉模块，实现颜色识别功能。识别颜色的程序流程图如图10.6所示。

编程实现识别蓝色的具体步骤如下所述。

图10.6 程序流程图

步骤1　显示屏与摄像头初始化。显示屏的初始化应做好屏幕显示的准备,将背景颜色设置为黑色;摄像头的初始化应将帧格式设置为彩色,帧大小为QVGA(320×240),开启摄像头(图10.7)。

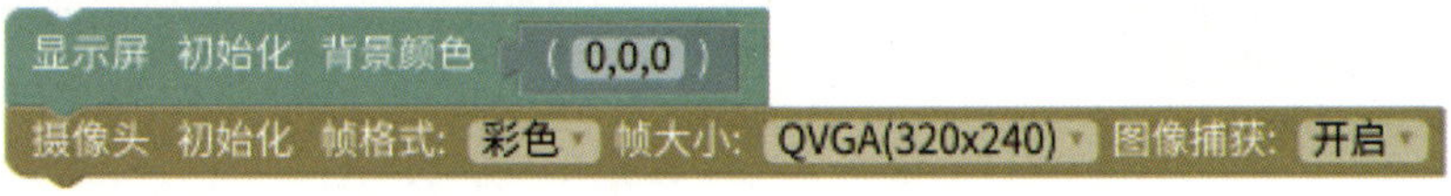

图10.7　显示屏与摄像头初始化

步骤2　依据Lab颜色模型,确定蓝色的阈值,定义元组变量lab_threshold_blue并赋值,如图10.8所示。

图10.8　定义元组变量并赋值

步骤3　对每一帧图像进行识别。定义变量img为保存每一帧图像,定义变量res为保存识别结果,使用OpenAIE启蒙模块中的识别色块积木,设置LAB颜色阈值为lab_threshold_blue,将识别结果返回给res(图10.9)。

图10.9　对图像帧进行识别

变量res存储了多组识别的蓝色色块信息,其中,每一组信息具体内容为:x、y为标记框左上端点坐标值,w、h为标记框宽和高,pixels为检测颜色色块的像素值大小,cx、cy为标记框的中心坐标值。具体如图10.10所示。

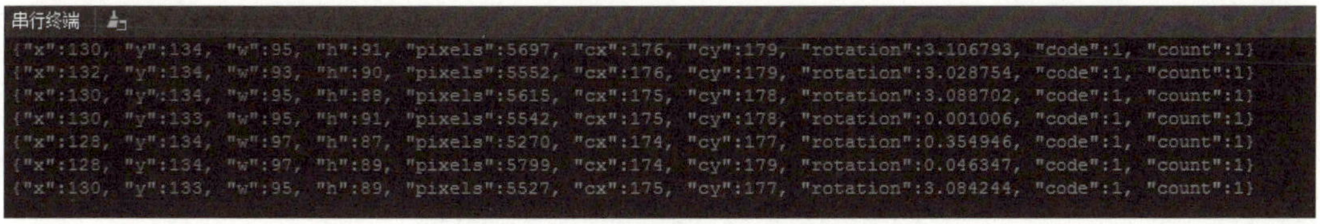

图10.10　识别出的色块信息

步骤4　图像颜色识别。

①变量res存储了识别蓝色色块的所有信息,读取数据,获取像素值大于200的色块,如图10.11所示。

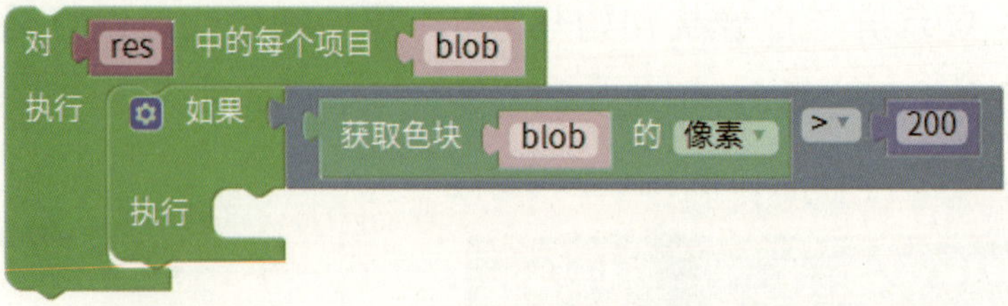

图10.11　逐一读取识别出的色块信息

②绘制矩形、标注识别的色块。查找最大色块存储在变量max中，包含位置坐标以及宽高信息。使用OpenAIE启蒙模块中获取色块位置坐标的积木，获取矩形方框的左上端点坐标（x，y）以及宽高（w、h），使用画矩形及画字符积木，对识别的色块进行标注（图10.12）。

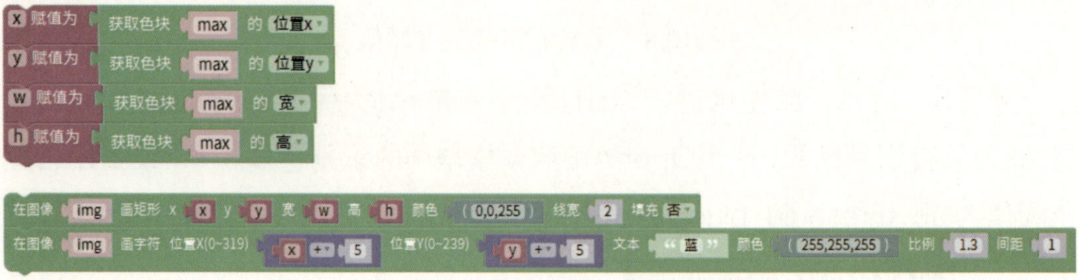

图10.12　用矩形框标记色块

步骤5　最终，识别颜色的程序如图10.13所示。

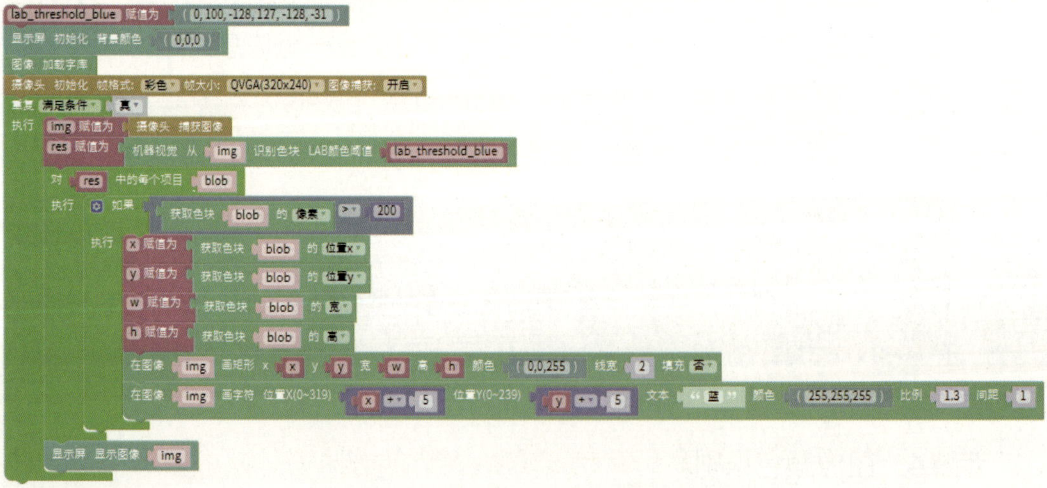

图10.13　完整的识别颜色的程序

将程序编译、上传，图10.14中（a）是用于测试的卡片，（b）是程序运行后的结果，图中蓝色的图形被识别并标记出来。

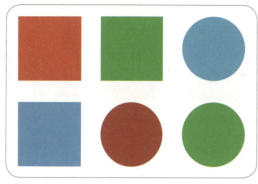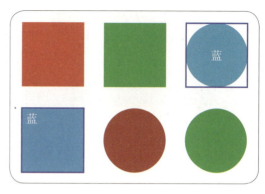

（a）颜色识别测试卡 （b）颜色识别结果

图10.14 颜色识别

任务2：识别红、绿、蓝3种颜色

任务1完成了蓝色色块的识别，接下来，设计同时检测出红、绿、蓝3种颜色的颜色识别程序，并写入OpenAIE启蒙硬件中，观察颜色识别效果。具体步骤如下所述。

步骤1 显示屏与摄像头初始化（图10.15）。

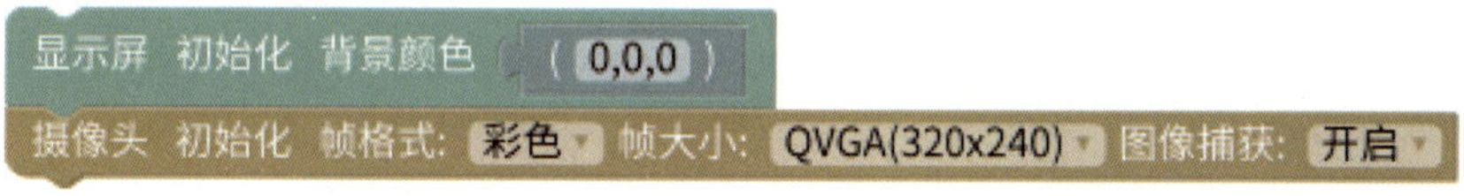

| 显示屏 初始化 背景颜色 (0,0,0) |
| 摄像头 初始化 帧格式: 彩色 帧大小: QVGA(320x240) 图像捕获: 开启 |

图10.15 显示屏与摄像头初始化

步骤2 依据Lab颜色模型，确定红、蓝、绿3种颜色的阈值范围（图10.16）。红色阈值范围，定义元组变量并赋值lab_threshold_red=（0，100，32，120，−127，127）；绿色阈值范围，定义元组变量并赋值lab_threshold_green=（0，100，−114，−41，97，−77）；蓝色阈值范围，定义元组变量并赋值lab_threshold_blue=（0，100，−128，127，−128，−31）。

| lab_threshold_red 赋值为 (0, 100, 32, 120, -127, 127) |
| lab_threshold_green 赋值为 (0, 100, -114, -41, 97, -77) |
| lab_threshold_blue 赋值为 (0, 100, -128, 127, -128, -31) |

图10.16 阈值设置

步骤3 对每一帧图像进行识别。定义变量img为保存每一帧图像，并定义变量blue、red、green保存3种颜色的识别结果（图10.17）。

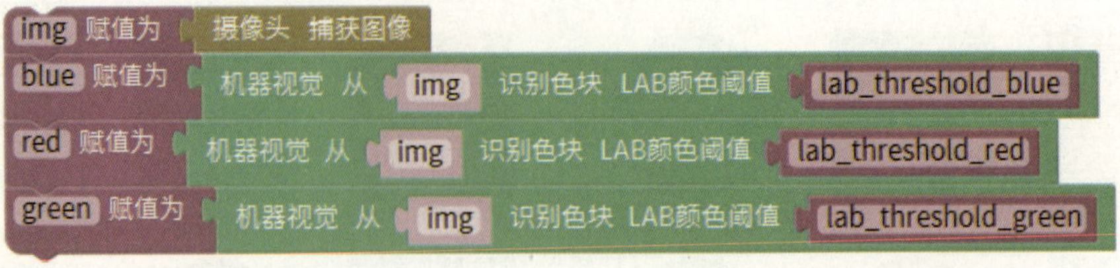

图10.17　逐帧识别

步骤4　颜色识别。

①识别蓝色色块并标记文字（图10.18）。

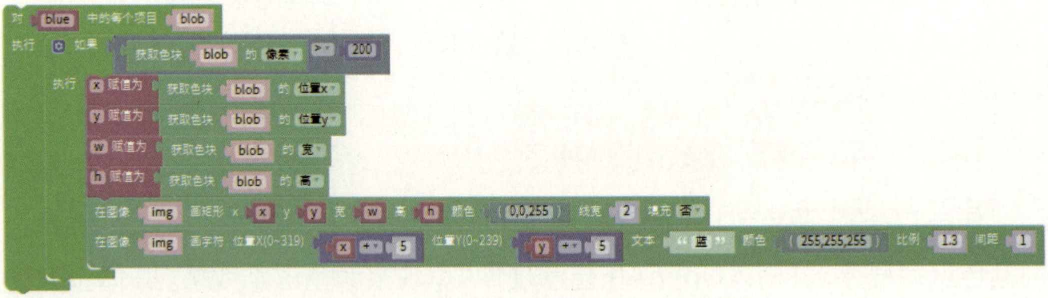

图10.18　识别蓝色色块并标记文字

②识别红色色块并标记文字（图10.19）。

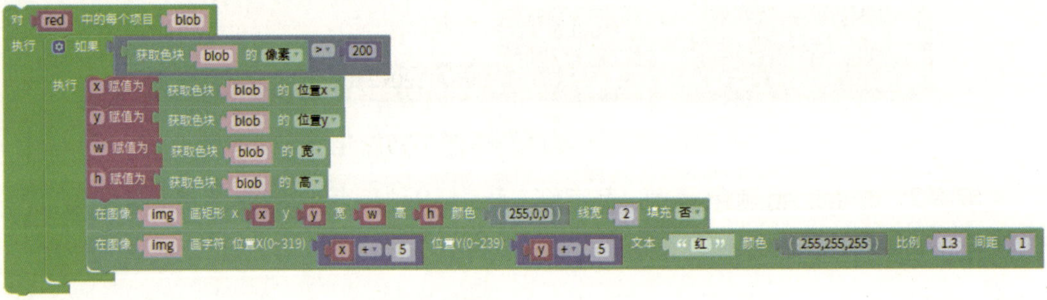

图10.19　识别红色色块并标记文字

③识别绿色色块并标记文字（图10.20）。

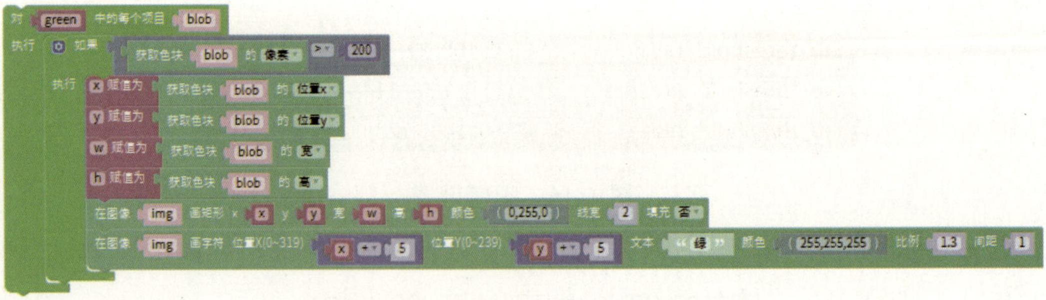

图10.20　识别绿色色块并标记文字

步骤5　最终，识别红、绿、蓝3种颜色的程序如图10.21所示。

lab_threshold_red 赋值为 (0, 100, 32, 120, -127, 127)
lab_threshold_green 赋值为 (0, 100, -114, -41, 97, -77)
lab_threshold_blue 赋值为 (0, 100, -128, 127, -128, -31)
显示屏 初始化 背景颜色 (0,0,0)
图像 加载字库
摄像头 初始化 帧格式：彩色 ▾ 帧大小：QVGA(320x240) ▾ 图像捕获：开启 ▾
重复 满足条件 ▾ 真 ▾
执行　img 赋值为 摄像头 捕获图像
　　　blue 赋值为 机器视觉 从 img 识别色块 LAB颜色阈值 lab_threshold_blue
　　　red 赋值为 机器视觉 从 img 识别色块 LAB颜色阈值 lab_threshold_red
　　　green 赋值为 机器视觉 从 img 识别色块 LAB颜色阈值 lab_threshold_green
　　　对 blue 中的每个项目 blob 执行 如果 获取…
　　　对 red 中的每个项目 blob 执行 如果 获取色…
　　　对 green 中的每个项目 blob 执行 如果 获…
　　　显示屏 显示图像 img

图10.21　完整程序

接着，编译并上传到OpenAIE启蒙硬件，图10.22中（a）是用于测试的卡片，（b）是程序运行后的结果。

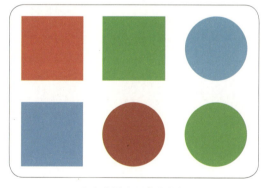

（a）颜色识别测试卡

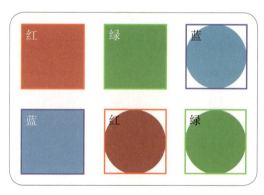

（b）颜色识别结果

图10.22　程序运行结果

三、探索与思考

（1）不同的光照条件可能会对识别效果产生影响，请多次尝试，总结光照对识别效果的影响，并尝试设计一种方案来解决。

（2）实际生活中，蓝色有深蓝、浅蓝、天蓝、青蓝、湖蓝等多种，请查阅资料后通过调整阈值以及设计多组不同颜色的阈值，使程序能够支持多种蓝色的识别。

拓展实践

颜色是一个物体的基本特征之一。请发挥想象力，结合本项目学习的知识和内容，尝试设计一个目标跟踪系统，能够识别特定颜色的小球，并随着小球的移动而移动，显示屏显示移动坐标。

记录成长

通过本项目的学习，你有哪些收获呢？在表中记录下来。

学习内容	完成度
知道颜色空间、RGB颜色模型、Lab模型	☆ ☆ ☆ ☆ ☆
了解计算机视觉中颜色识别的工作原理	☆ ☆ ☆ ☆ ☆
学会元组的定义及使用方法	☆ ☆ ☆ ☆ ☆
学会图形化编程中颜色识别语句的用法	☆ ☆ ☆ ☆ ☆
结合OpenAIE启蒙硬件，实现识别颜色的功能	☆ ☆ ☆ ☆ ☆
其他收获：	

识别形状的
机器人

11

◻ **学习目标**

◇了解计算机视觉中形状识别的工作原理。

◇掌握运用OpenAIE启蒙硬件设计形状识别系统的方法。

◇应用OpenAIE启蒙硬件和图形化编程相关模块实现物体形状识别的功能。

◇针对生活应用场景，进一步开展创意设计，设计具有实用价值的物体形状识别应用系统。

🖥 情景与任务

现代智能工厂已经应用了视觉分拣机器人，主要工作原理是通过摄像头实时采集图像，控制系统对圆形、方形、椭圆形等形状进行识别，从而自动对物体进行分类、鉴别，以提高工作效率。如智能货仓里的视觉分拣系统，利用视觉系统采集物品的图像信息，计算机系统进行图像预处理、特征点检测、轮廓检测等，再进行图像匹配或形状识别，自动完成对产品的检验与分拣包装（图11.1）。在生活中也经常遇到需要对物体形状进行判断的情形，如运动娱乐业的自动捡球机可以发现视野内的乒乓球、足球等圆形物体，消费行业的餐盘识别系统可以依据检测到的餐盘形状，进行自动结算等。

图11.1　形状识别的应用

物体的形状是视觉系统分析和识别物体的基础，人类可以很容易地识别物体的形状。那么，机器是如何对物体的形状进行识别的呢？让我们结合OpenAIE启蒙硬件，探究计算机视觉功能识别物体形状的奥秘吧。

⚗ 设计与实践

一、图形化编程常识

形状识别：通过算法对图像进行数字化处理，并将不同形状的特征提取出来，从而达到形状识别的效果，其原理和过程如图11.2所示。

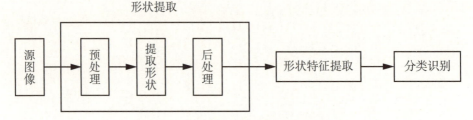

图11.2　形状识别的原理和过程

①源图像：在一般的环境条件下，用来进行形状识别的图像画面，可以是单帧图像，也可以是动态视频，并使用OpenAIE启蒙硬件的摄像头获取。

②形状提取：主要包括预处理、提取形状、后处理3个步骤，通过分割图像区域来提取形状。在实际图像中，如灰度、纹理、光流等分布的一致性构成了图像特征，用于区分图像的各个区域、排除特定的区域，并筛选具备形状特征的区域，最终获取目标的形状。

③形状特征提取：通过上一步的处理可以获取大概的形状，最终正确的形状需要进一步根据目标形状的特征进行分析，因此需要对形状的特征进行描述。

④分类识别：根据图像的不同特征对图像进行分类，有相同特征的归为一类，达到识别效果。

二、任务实践

下面运用Mixly图形化编程软件，结合OpenAIE启蒙硬件来实现形状识别的功能吧。通过两个任务进行实践。

任务1：识别矩形；

任务2：识别圆形。

任务1：识别矩形

在图形化编程软件OpenAIE启蒙模块中，提供了识别矩形、获取矩形的位置与大小数据等积木。

识别矩形的积木，可以设置源图像及阈值参数，当识别形状的像素小于阈值时，过滤掉这些形状，大于阈值时则显示形状。在积木中，识别矩形的默认阈值为15 000（图11.3），在实际应用中，可以根据实际需要设置阈值的大小。

图11.3 识别矩形的积木

识别并获取画面中对应图形的位置和大小的数据值。如图11.4所示，默认参数rect表示当前识别的是矩形，该语句可返回矩形左上点坐标（x，y）及矩形的宽度和高度。

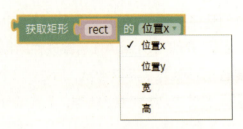

图11.4　参数设置

以编程实现对矩形进行识别及标记的功能，具体过程如下所述。

步骤1　显示屏与摄像头初始化（图11.5）。将显示屏背景颜色设置为黑色，摄像头的帧格式设置为彩色，帧大小设置为QQVGA（160×320），开启摄像头。

图11.5　显示屏与摄像头初始化

步骤2　对每一帧图像进行识别。通过摄像头捕获图像模块可以实现对图像帧的连续采集。定义变量img，存放摄像头实时获取的每一帧图像；选择OpenAIE启蒙模块中的形状识别积木，设置好一定的阈值，对图像img进行识别操作，将结果赋值给变量rect存储，如图11.6所示。

图11.6　逐帧识别

变量rect保存了多组识别矩形的数据信息（图11.7）。其中，每一组数据信息包含的内容如下：x、y为矩形左上角坐标值，w、h为矩形的宽度和高度，magnitude为矩形相似度的高低，值越高越像矩形。

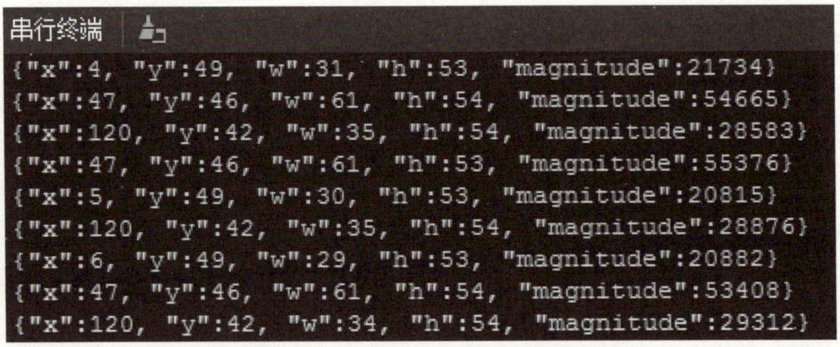

串行终端

{"x":4, "y":49, "w":31, "h":53, "magnitude":21734}
{"x":47, "y":46, "w":61, "h":54, "magnitude":54665}
{"x":120, "y":42, "w":35, "h":54, "magnitude":28583}
{"x":47, "y":46, "w":61, "h":53, "magnitude":55376}
{"x":5, "y":49, "w":30, "h":53, "magnitude":20815}
{"x":120, "y":42, "w":35, "h":54, "magnitude":28876}
{"x":6, "y":49, "w":29, "h":53, "magnitude":20882}
{"x":47, "y":46, "w":61, "h":54, "magnitude":53408}
{"x":120, "y":42, "w":34, "h":54, "magnitude":29312}

图11.7　识别出的矩形区域信息

步骤3　绘制识别的形状。变量rect保存矩形的识别结果，包括矩形的数量、位置坐标、宽度和高度、每个矩形的像素值等。将变量rect中识别矩形的结果绘制并显示出来。在控制模块中，使用有限循环语句积木，遍历每一个矩形如图11.8所示。

图11.8　绘制识别的形状

步骤4　显示识别的图像（图11.9）。

图11.9　显示识别的图像

步骤5　矩形形状识别程序如图11.10所示。

图11.10　矩形形状识别程序

步骤6　文字标记识别的形状（图11.11）。将识别结果用文字标记，当识别为矩形时，在矩形的左上角显示文字"矩形"。

图11.11　文字标记识别的形状

步骤7　矩形识别的完整程序如图11.12所示。

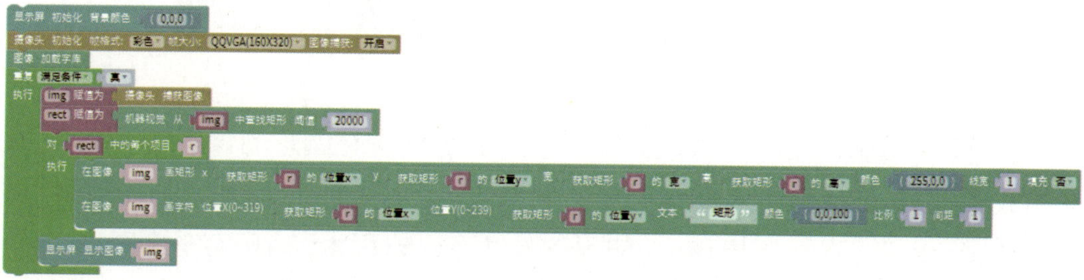

图11.12　完整程序

任务2：识别圆形

在图形化编程软件OpenAIE启蒙模块中，提供了识别圆形、获取圆形的位置与大小数据等的积木。

识别圆形的积木，可以设置源图像及阈值参数，当识别形状的像素小于阈值时，过滤掉这些形状，当识别形状的像素大于阈值时，显示识别的形状。在积木中，识别圆形的默认阈值为2 500（图11.13），在实际应用中，根据实际需要设置阈值的大小。

图11.13　识别圆形的积木

识别并获取图形的位置和大小的数据值，如图11.14所示。参数circle默认表示当前识别的圆形，该语句返回圆形的圆心点坐标（x, y）及半径的值。

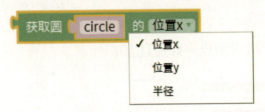

图11.14　参数设置

接下来实现对圆形进行识别并标记的功能吧。具体过程如下所述。

步骤1　显示屏与摄像头初始化（图11.15）。

图11.15　显示屏与摄像头初始化

步骤2　对每一帧图像进行识别（图11.16）。

图11.16　逐帧识别

步骤3　绘制识别的形状（图11.17）。变量circle保存圆形的识别结果，包括圆形的数量、位置坐标、半径、每个圆形的像素值等。将变量circle中识别圆形的结果绘制并显示出来。在控制模块中，使用有限循环语句积木，遍历每一个圆形。

图11.17　绘制识别的形状

步骤4　显示识别的图像（图11.18）。

图11.18　显示识别的图像

步骤5　圆形形状识别程序如图11.19所示。

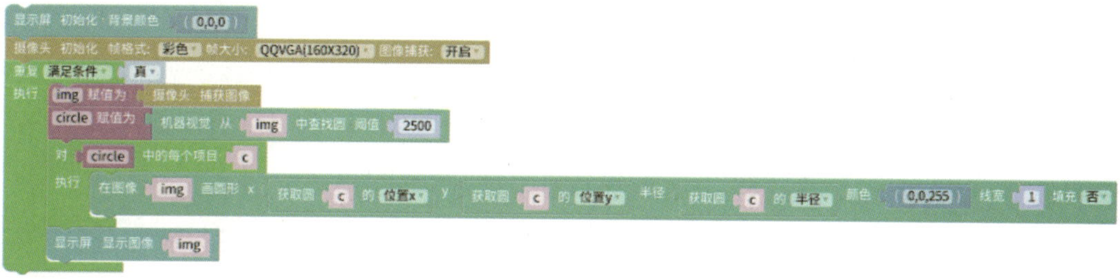

图11.19　圆形形状识别程序

步骤6　用文字标记识别的形状（图11.20）。将识别结果用文字标记，当识别出圆形时，在圆形的中心显示文字"圆形"。

图11.20　用文字标记识别的形状

步骤7　圆形识别的完整程序如图11.21所示。

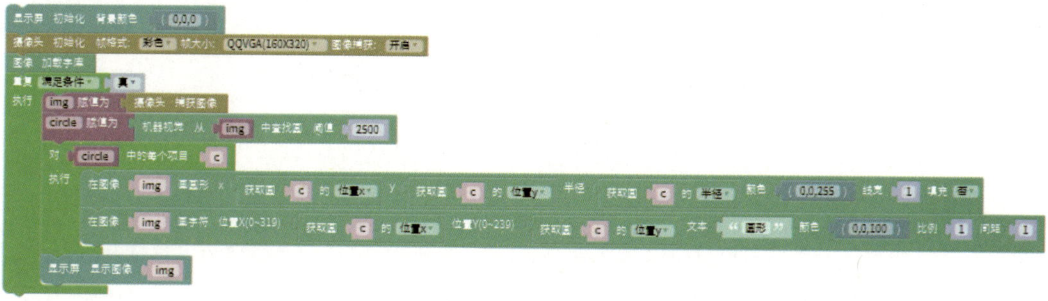

图11.21　完整程序

将程序编译并上传到OpenAIE启蒙硬件。图11.22中（a）为识别矩形的结果，（b）为识别圆形的结果。

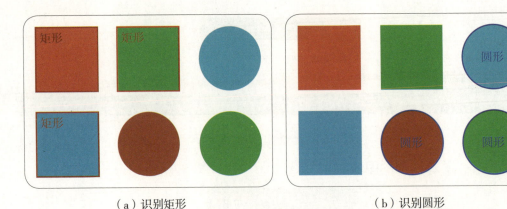

（a）识别矩形　　　　　　　　　　（b）识别圆形

图11.22　程序运行结果

三、探索与思考

（1）请尝试识别实际物体，试着总结阈值大小设置的规律。

（2）利用图形化编程中的方法，实现了矩形和圆形的检测。在实际生活中存在着各种不同的形状，如椭圆，请尝试给出识别椭圆的方法。

拓展实践

通过前面的学习，应用OpenAIE启蒙硬件和图形化编程相关模块实现了物体颜色、形状检测的功能。请利用形状和颜色两种特征信息，实现识别红色圆形的功能。

记录成长

通过本项目的学习，你有哪些收获呢？在表中记录下来。

学习内容	完成度
理解计算机视觉中形状识别的工作原理	☆☆☆☆☆
掌握图形化编程中形状识别语句的使用方法	☆☆☆☆☆
能够结合硬件，实现形状识别及标记的功能	☆☆☆☆☆
能够针对生活应用场景，进一步开展创意设计	☆☆☆☆☆
其他收获：	

二维码扫描
机器人

▣ 学习目标

◇了解二维码的基本概念及识别技术的基本原理。

◇掌握制作简易二维码的方法。

◇掌握运用OpenAIE启蒙硬件设计智能应用系统的方法，掌握图
形化语言的编程方法。

◇应用OpenAIE启蒙硬件和图形化编程相关模块设计二维码扫描
与识别系统。

📇 **情景与任务**

　　二维码是近年来普及的编码技术，在各领域都被广泛应用，例如扫码移动支付、扫码购物、扫码登记签到、扫码获取资源、扫码登录账号、扫码乘车、扫码点餐等。那么，二维码技术是如何实现信息传递，保证用户完成相应动作的呢？

　　共享单车应用就是通过"用户手机—二维码—云端后台—智能车锁"之间的信息传递来完成的（图12.1）。用户使用手机先扫描单车上的二维码，向后台云端发起解锁请求；云端对用户信息、单车信息进行核查，而后将授权信息发送给手机；智能锁核验授权信息后解锁，并将解锁成功的信息通知手机；手机将解锁成功的信息回复给云端，云端开始给用户计费。

图12.1　二维码在生活中的应用

🧪 **设计与实践**

一、图形化编程常识

　　二维码：用某种特定的几何图形按一定规律在平面分布、黑白相间、记录数据符号信息的图形，通过图像输入设备或光电扫描设备自动识读来实现信息自动处理。

　　二维码的图形可以分为编码区和功能图形，其中编码区又可以分为数据及纠错码、格式信息模块和版本信息模块，功能图形主要包括探测图像、定位图像及校正图像，如图12.2所示。

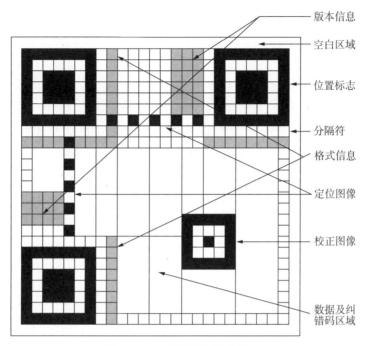

图12.2 二维码的基本结构

QR Code二维码：建立在计算机图像处理技术、组合编码原理等基础上的一种新型图形符号自动识读处理码制。矩阵式二维码以矩阵的形式组成，在矩阵相应元素位置上用"点"表示二进制"1"，用"空"表示二进制"0"，"点"和"空"的排列组成代码。矩阵式二维码在一个矩形空间内通过黑、白像素在矩阵中的不同分布进行编码，如图12.3所示。

图12.3 二维码

二维码的特点：

①编码信息容量大，可容纳多达1 850个大写字母，或2 710个数字，或1 108个字节，或约500个汉字，比普通条码信息的容量约高几十倍；

②编码范围广，可以把图片、声音、文字、签字、指纹等可以数字化的信息进行编码；

③容错纠错能力强，这个特性使得当二维码因穿孔、污损等引起局部损坏时，照样可以正确得到识读，损毁面积即使达30%仍可恢复信息；

④译码可靠性高，它比普通条码的译码错误率（百万分之二）要低得多，误码

率不超过千万分之一，便于推广应用，可引入加密措施，保密性、防伪性好。

二维码形状、尺寸大小可变，成本低，易制作，持久耐用。

二、任务实践

接下来，运用Mixly图形化编程软件，结合OpenAIE启蒙硬件来探究二维码识别的技术，并通过两个任务进行实践。

任务1：制作二维码；

任务2：识别、读取二维码信息。

任务1：制作二维码

制作二维码，具体的操作步骤如下所述。

步骤1　通过百度等搜索引擎，搜索"草料二维码"，如图12.4所示。

图12.4　百度搜索"草料二维码"

步骤2　打开草料二维码链接，弹出编辑窗口，如图12.5所示。其中，红色线框1为功能栏，可选择不同数据类型的资源；蓝色线框区域为编辑区域，二维码链接的内容在此编辑；红色线框2为二维码生成区；红色线框3为二维码生成按钮。

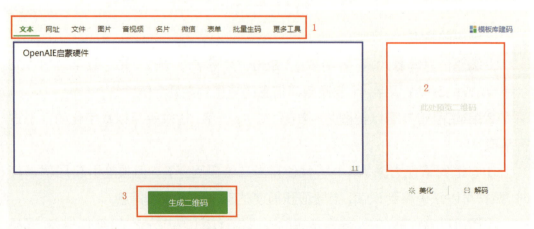

图12.5　草料二维码页面布局

步骤3　选择文本类型，输入文本"OpenAIE启蒙硬件"，单击"生成二维码"按钮，生成二维码，如图12.6所示。

图12.6　生成二维码

步骤4　将二维码保存使用。单击鼠标右键，选择保存即可（图12.7）。

图12.7　保存后的二维码图像

任务2：识别、读取二维码信息

接下来，对任务1制作的二维码图像进行识别及信息读取。机器识别处理二维码图像可以分为图像预处理、定位与校正、读取数据、纠错、译码5个步骤，主要是对二维码各个结构的信息按照一定顺序进行识别与处理，读取二维码信息。二维码读取识别过程如图12.8所示。

图形化编程软件OpenAIE启蒙模块提供了识别二维码图像的相关积木。

①查找二维码图像的积木（图12.9）：分析判断图像中是否包含二维码图像。

②识别二维码信息的积木（图12.10）：解析包含的信息内容，并将结果返回。

接下来使用编程实现二维码的信息识别与显示功能吧。具体过程如下所述。

步骤1　显示屏与摄像头初始化（图12.11）。将显示屏背景颜色设置为黑色，摄像头的帧格式设置为彩色，帧大小设置为QVGA（320×240），开启摄像头。

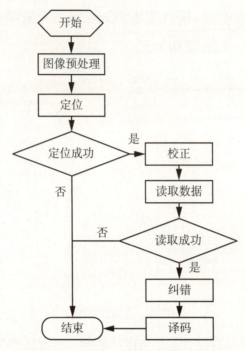

图12.8　二维码读取和识别过程

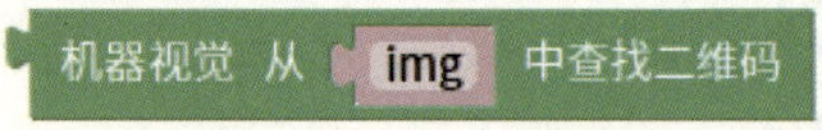

图12.9　查找二维码 　　　　图12.10　识别二维码

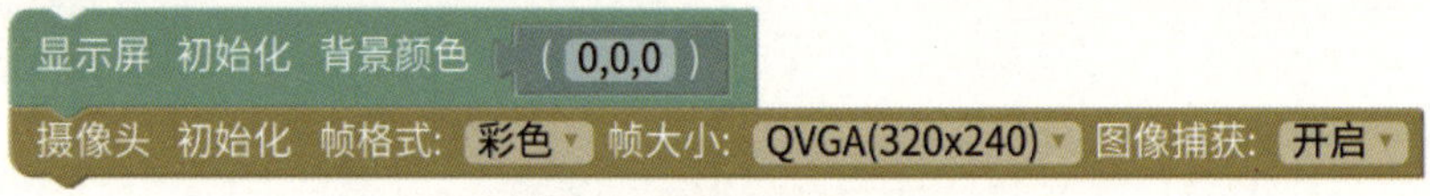

图12.11　显示屏与摄像头初始化

步骤2　查找二维码区域（图12.12）。定义变量img为存储摄像头每一帧图像内容，使用查找二维码积木检查img中的二维码区域信息，并将识别的结果存储在变量res中。

图12.12　查找二维码区域

变量res中存储了二维码区域信息，主要数据信息为：二维码图像区域左上角位置坐标x、y，二维码图像区域的宽度（w）和高度（h），二维码内容信息存储在payload变量中。具体数据信息如图12.13所示。

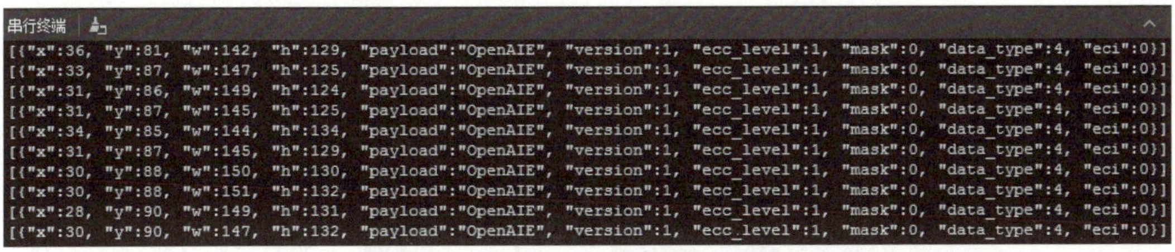
串行终端
[{"x":36, "y":81, "w":142, "h":129, "payload":"OpenAIE", "version":1, "ecc_level":1, "mask":0, "data_type":4, "eci":0}]
[{"x":33, "y":87, "w":147, "h":125, "payload":"OpenAIE", "version":1, "ecc_level":1, "mask":0, "data_type":4, "eci":0}]
[{"x":31, "y":86, "w":149, "h":124, "payload":"OpenAIE", "version":1, "ecc_level":1, "mask":0, "data_type":4, "eci":0}]
[{"x":31, "y":87, "w":145, "h":125, "payload":"OpenAIE", "version":1, "ecc_level":1, "mask":0, "data_type":4, "eci":0}]
[{"x":34, "y":85, "w":144, "h":134, "payload":"OpenAIE", "version":1, "ecc_level":1, "mask":0, "data_type":4, "eci":0}]
[{"x":31, "y":87, "w":145, "h":129, "payload":"OpenAIE", "version":1, "ecc_level":1, "mask":0, "data_type":4, "eci":0}]
[{"x":30, "y":88, "w":150, "h":130, "payload":"OpenAIE", "version":1, "ecc_level":1, "mask":0, "data_type":4, "eci":0}]
[{"x":30, "y":88, "w":151, "h":132, "payload":"OpenAIE", "version":1, "ecc_level":1, "mask":0, "data_type":4, "eci":0}]
[{"x":28, "y":90, "w":149, "h":131, "payload":"OpenAIE", "version":1, "ecc_level":1, "mask":0, "data_type":4, "eci":0}]
[{"x":30, "y":90, "w":147, "h":132, "payload":"OpenAIE", "version":1, "ecc_level":1, "mask":0, "data_type":4, "eci":0}]

图12.13　识别出的二维码区域信息

步骤3　读取二维码数据信息。

①当获取二维码区域信息后，由于识别精度问题，需要判断识别结果是否成功。可以判断变量res是否包含二维码图像的数据信息。当变量res>0时，结果为真，表示顺利获取信息，使用文本绘制模块将信息显示出来，如图12.14所示。

如果
获取长度
res
>
0
执行

图12.14　判断是否检测到二维码

②使用画字符语句，将内容文本以字符的形式显示在显示屏上（图12.15）。

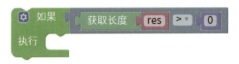

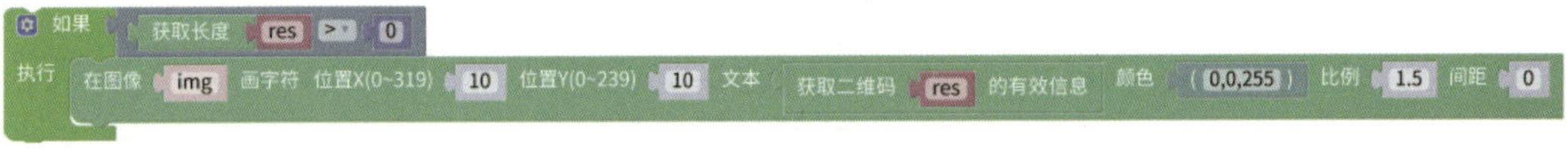
如果
获取长度
res
>
0
执行
在图像
img
画字符
位置X(0~319)
10
位置Y(0~239)
10
文本
获取二维码
res
的有效信息
颜色
0,0,255
比例
1.5
间距
0

图12.15　显示二维码内容字符

步骤4　显示识别的图像（图12.16）。

显示屏 显示图像
img

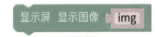

图12.16　显示识别的图像

步骤5　识别摄像头画面中的二维码信息。在编程中使用无限循环语句，持续不断地对每一帧图像进行判断，如图12.17所示。

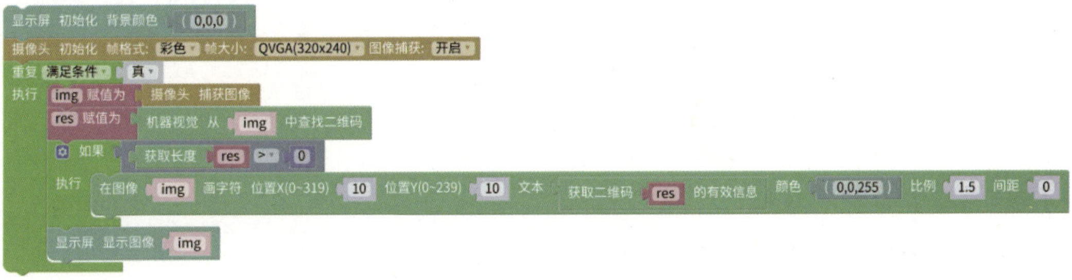
显示屏 初始化 背景颜色
0,0,0
摄像头 初始化 帧格式: 彩色 帧大小: QVGA(320x240) 图像捕获: 开启
重复 满足条件
真
执行
img 赋值为
摄像头 捕获图像
res 赋值为
机器视觉 从
img
中查找二维码
如果
获取长度
res
>
0
执行
在图像
img
画字符
位置X(0~319)
10
位置Y(0~239)
10
文本
获取二维码
res
的有效信息
颜色
0,0,255
比例
1.5
间距
0
显示屏 显示图像
img

图12.17　逐帧识别

步骤6　编译并上传到OpenAIE启蒙硬件, 扫码, 检测二维码是否被识别, 显示成功。二维码的识别效果如图12.18所示。

图12.18　二维码的识别效果

三、探索与思考

(1)请尝试制作包含其他类型数据信息的二维码图像, 并编写程序对该二维码进行识别及读取。

(2)在校园或社会生活中, 二维码还能发挥什么作用? 结合开源硬件和传感器进行设计。

🎨 拓展实践

某学校为植物挂上了二维码牌子, 二维码信息包含植物的名字、种类、年龄、分布范围等, 通过扫描二维码就可以获取植物的信息。请结合开源硬件等设计一个便携式二维码扫描装置。

✏️ 记录成长

通过本项目的学习, 你有哪些收获呢? 在表中记录下来。

学习内容	完成度
了解二维码的基本概念、特点	☆☆☆☆☆
了解二维码识别的基本过程	☆☆☆☆☆
学会用草料二维码工具制作二维码	☆☆☆☆☆
掌握图形化编程中二维码识别语句的使用方法	☆☆☆☆☆
能够结合硬件, 完成图形化编程, 实现识别、读取二维码信息	☆☆☆☆☆
其他收获:	

口罩检测
机器人

◎ 学习目标

◇了解人脸检测的原理。

◇了解口罩佩戴检测的原理。

◇掌握计算机视觉识别模块进行口罩佩戴检测的方法。

◇能够结合硬件完成图形化编程,实现人脸检测与口罩佩戴检测的功能。

📖 情景与任务

　　受目前流感高发的影响,世界各地的人们出行习惯佩戴口罩,以减少感染的风险,这给安防监控带来了一系列挑战。以前,安防设备主要针对人脸检测,几乎没有考虑佩戴口罩的人脸检测。如今,很多AI企业开发了针对口罩佩戴检测的技术,帮助检测人们是否佩戴口罩且是否佩戴正确,并将相关技术进行了广泛应用(图13.1)。AI人脸口罩检测智能系统能够通过检测人脸,判断人脸口罩佩戴的情况,提高检测的效率,在联控联防工作方面发挥了巨大的作用。接下来,让我们结合OpenAIE启蒙硬件,探究人脸及口罩佩戴检测系统的奥秘吧。

图13.1　人脸及口罩佩戴检测的应用

🧪 设计与实践

一、图形化编程常识

　　人脸检测:也称为面部检测,是一种基于人工智能(Artificial Intelligence, AI)的计算机技术,用于在数字图像中查找和识别人脸,是人脸自动识别系统中的一个关键环节。人脸检测技术可应用于各个领域——执法、娱乐和个人安全等,可实现对人员的实时监控和跟踪。

　　人脸检测应用程序通过算法和机器学习在较大图像中查找人脸,这些图像通常包含其他非人脸对象,如风景、建筑物和其他人体部位(脚或手)。人脸检测算法通常从搜索人眼开始,这是最容易检测的特征之一。此外,也可能会尝试检测眉毛、嘴巴、鼻子和虹膜。一旦算法得出结论,表示其已经找到了一个面部区域,就会应用额外的测试来确认实际是否已经检测到一张人脸。

口罩佩戴检测：人脸检测和口罩佩戴检测都是目标检测的一种，基于人脸检测和口罩属性识别两大模块来完成，前者实现在图像中准确定位人脸区域的功能，后者在单个人脸区域的基础上利用注意力学习进一步分析人脸属性，从而判断人脸是否佩戴口罩。检测原理如图13.2所示。

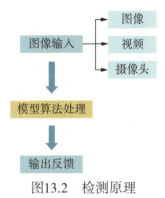

图13.2　检测原理

二、任务实践

人工智能口罩检测设备，能实时动态检测人脸佩戴口罩的状态。接下来，运用Mixly图形化编程软件，结合OpenAIE启蒙硬件来探究人脸检测与口罩佩戴检测的功能。通过两个任务进行实践。

任务1：实现人脸检测的功能；

任务2：实现口罩佩戴检测的功能。

任务1：实现人脸检测的功能

人脸检测是检测图像中人脸所在位置、大小的技术，主要实现过程如图13.3所示。

OpenAIE启蒙硬件内置了YOLO目标检测模型，帮助实现图像中人脸检测的功能。

OpenAIE启蒙模块提供有目标检测设置、目标检测结果、目标结果参数值等积木。

目标检测设置积木，目前可以设置人脸、口罩、20分类这3种类型的目标检测（图13.4），其中，20分类是实现对20种物体进行检测，在后续的课程模块中会进行学习。

目标检测结果积木，可以从图像中获得检测结果，并将结果返回，如摄像头获得图像，对图像进行目标检测，将结果存储在变量res中（图13.5）。

目标结果参数值积木，获得检测出来的目标的参数值，如分类值、可信度、边界框等（图13.6）。分类值的作用是标记检测出来的物体的种类，当有人脸时其大小为1，无人脸时其大小为0；可信度的作用是评价识别的准确度，其值在[0,1]；边界框则是使用矩形框框选的范围。

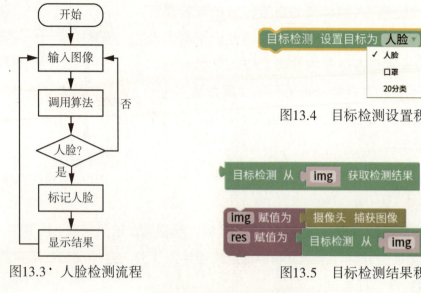

图13.3 人脸检测流程

图13.4 目标检测设置积木

图13.5 目标检测结果积木

图13.6 目标结果参数值积木

接下来，实现人脸检测的功能吧。当检测到人脸时，绘制红色矩形框将人脸框起来，并在矩形框左上角显示"人脸"字样。其操作流程如下所述。

步骤1 显示屏与摄像头初始化，添加中文字库（图13.7）。

图13.7 显示屏与摄像头初始化

步骤2 设置检测目标。在OpenAIE启蒙模块中选择目标检测设置积木，设置检测目标为人脸，如图13.8所示。

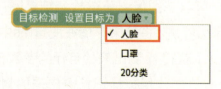

图13.8 设置检测目标

步骤3 输入图像，并针对每一帧图像进行检测。摄像头获取连续的画面，存储在变量img中, 使用目标检测结果积木检测图像中的人脸情况 (图13.9)。

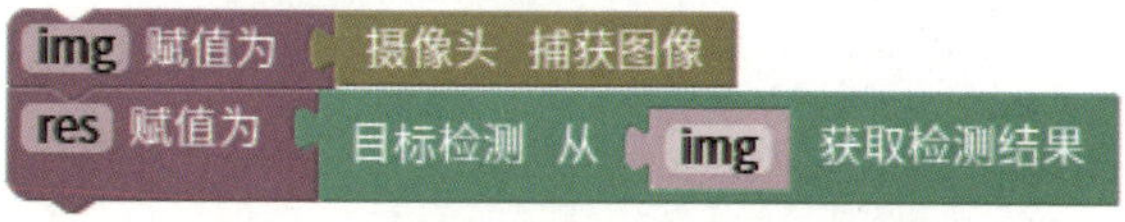

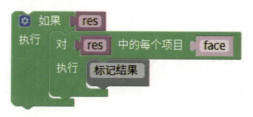

图13.9　对图像帧进行目标检测

步骤4　当检测到人脸信息时, 会获取一组数据信息, 并赋值给res。res变量中存储的数据有分类值、可信度、边界框, 如图13.10所示。其中, x、y为边界框左上角坐标, w、h为边界框的宽度和高度, value为可信度值, classid为分类值, 分类值为0表示没有佩戴口罩, 为1表示有佩戴口罩。

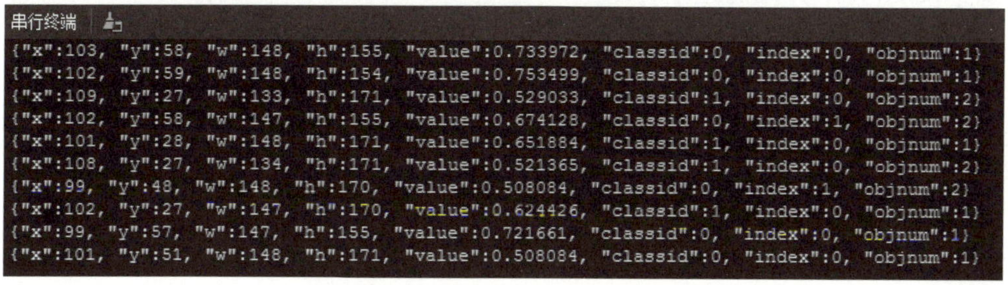

```
串行终端
{"x":103, "y":58, "w":148, "h":155, "value":0.733972, "classid":0, "index":0, "objnum":1}
{"x":102, "y":59, "w":148, "h":154, "value":0.753499, "classid":0, "index":0, "objnum":1}
{"x":109, "y":27, "w":133, "h":171, "value":0.529033, "classid":1, "index":0, "objnum":1}
{"x":102, "y":58, "w":147, "h":155, "value":0.674128, "classid":0, "index":1, "objnum":2}
{"x":101, "y":28, "w":148, "h":171, "value":0.651884, "classid":1, "index":0, "objnum":1}
{"x":108, "y":27, "w":134, "h":171, "value":0.521365, "classid":1, "index":1, "objnum":2}
{"x":99,  "y":48, "w":148, "h":170, "value":0.508084, "classid":0, "index":1, "objnum":2}
{"x":102, "y":27, "w":147, "h":170, "value":0.624426, "classid":1, "index":0, "objnum":1}
{"x":99,  "y":57, "w":147, "h":155, "value":0.721661, "classid":0, "index":0, "objnum":1}
{"x":101, "y":51, "w":148, "h":171, "value":0.508084, "classid":0, "index":0, "objnum":1}
```

图13.10　识别出的目标检测信息

步骤5　将检测到的人脸框选标记。

①当检测到人脸信息时, 变量res保存人脸的若干个检测结果, 每个结果包括分类值、可信度、边界框3个参数。在控制模块中, 使用有限循环语句积木, 遍历每个人脸检测结果 (图13.11)。

图13.11　遍历每个人脸检测结果

②获得每一个人脸检测结果的分类值、边界框大小等值 (图13.12)。

③绘制矩形框以及文字标记 (图13.13)。

步骤6　显示含检测结果的图像 (图13.14)。

步骤7　完整的程序如图13.15所示。

编译并上传到OpenAIE启蒙硬件中。图13.16中 (a) 是用于测试的卡片, (b) 是人脸检测程序运行后的结果。

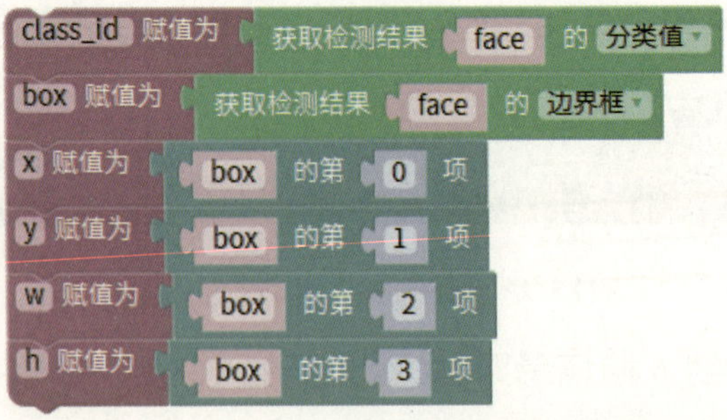

class_id 赋值为 获取检测结果 face 的 分类值
box 赋值为 获取检测结果 face 的 边界框
x 赋值为 box 的第 0 项
y 赋值为 box 的第 1 项
w 赋值为 box 的第 2 项
h 赋值为 box 的第 3 项

图13.12 获取人脸检测参数及位置区域

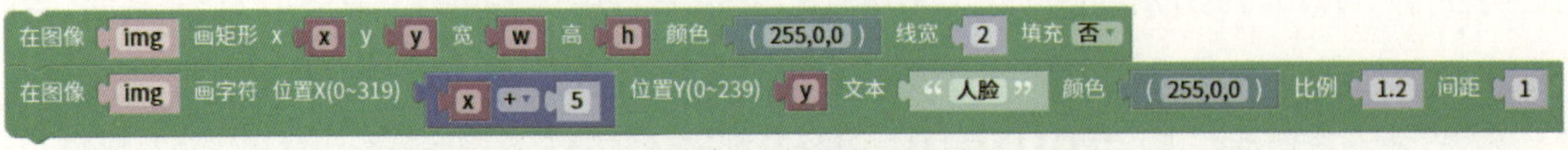

在图像 img 画矩形 x x y y 宽 w 高 h 颜色 (255,0,0) 线宽 2 填充 否
在图像 img 画字符 位置X(0~319) x + 5 位置Y(0~239) y 文本 "人脸" 颜色 (255,0,0) 比例 1.2 间距 1

图13.13 绘制矩形框以及文字标记

显示屏 显示图像 img

图13.14 显示结果

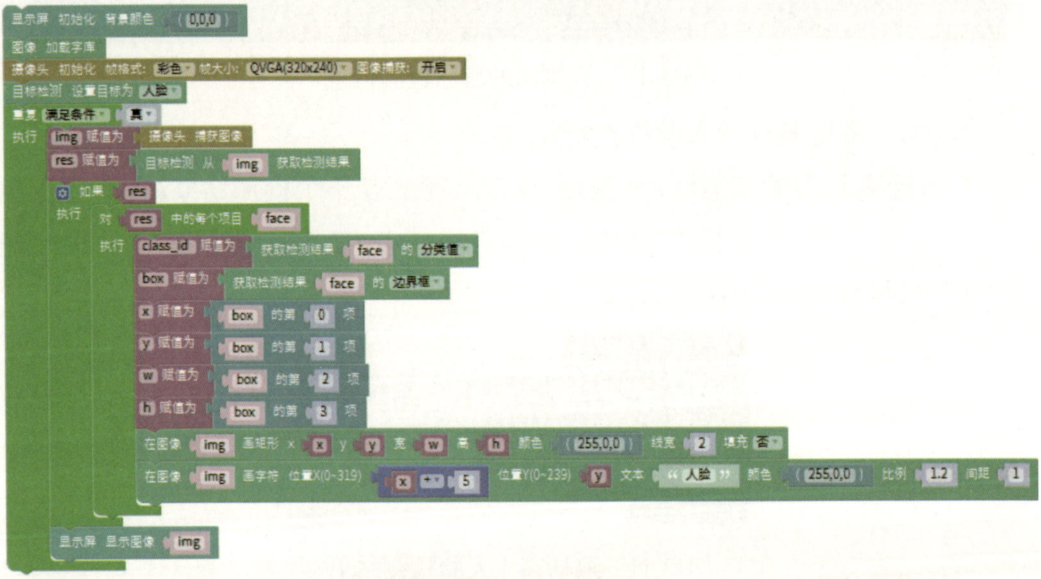

显示屏 初始化 背景颜色 (0,0,0)
图像 加载字库
摄像头 初始化 帧格式: 彩色 大小: QVGA(320x240) 图像捕获: 开启
目标检测 设置目标为 人脸
重复 满足条件 真
执行 img 赋值为 摄像头 捕获图像
res 赋值为 目标检测 从 img 获取检测结果
如果 res
执行 对 res 中的每个项目 face
执行 class_id 赋值为 获取检测结果 face 的 分类值
box 赋值为 获取检测结果 face 的 边界框
x 赋值为 box 的第 0 项
y 赋值为 box 的第 1 项
w 赋值为 box 的第 2 项
h 赋值为 box 的第 3 项
在图像 img 画矩形 x x y y 宽 w 高 h 颜色 (255,0,0) 线宽 2 填充 否
在图像 img 画字符 位置X(0~319) x + 5 位置Y(0~239) y 文本 "人脸" 颜色 (255,0,0) 比例 1.2 间距 1
显示屏 显示图像 img

图13.15 完整程序

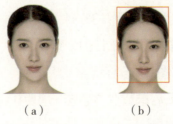

（a） （b）

图13.16 人脸检测结果演示

任务2：实现口罩佩戴检测的功能

人脸检测和口罩佩戴检测的主要区别在于模型算法对图像处理的过程不同。口罩佩戴检测实际上是检测人脸是否佩戴口罩。主要实现过程如图13.17所示。

接下来，实现口罩佩戴检测的功能吧。在可信度较高的情况下，当检测到人脸佩戴口罩时，绘制绿色矩形框将人脸框选起来；否则将人脸使用红色矩形框框选起来。具体操作步骤如下所述。

步骤1　显示屏与摄像头初始化，添加中文字库（图13.18）。

步骤2　设置检测目标（图13.19）。

步骤3　输入图像，并针对每一帧图像进行检测（图13.20）。

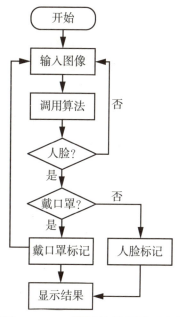

图13.17　口罩佩戴检测流程图

图13.18　显示屏与摄像头初始化

图13.19　检测目标设置

图13.20　逐帧检测

当检测到人脸信息时会获取一组数据信息，并赋值给res，res变量中存储的数据有分类值、可信度、边界框。

可信度用来评判检测结果的可信性，是反映机器实行视觉检测的核心指标，这里采取了0.7作为阈值，当可信度高于0.7时，继续进行检测，小于0.7时，则认为结果不准确，放弃。

分类值用来标记物体的类别，不佩戴口罩时分类值为0，佩戴口罩时分类值为1。因此，当检测结果的可信度高于0.7且分类值为1时，则判断为已佩戴口罩，否则判断为没有佩戴口罩。

步骤4 检测口罩并框选标记。

①同人脸检测一样，需要使用循环语句遍历每一个检测结果（图13.21）。

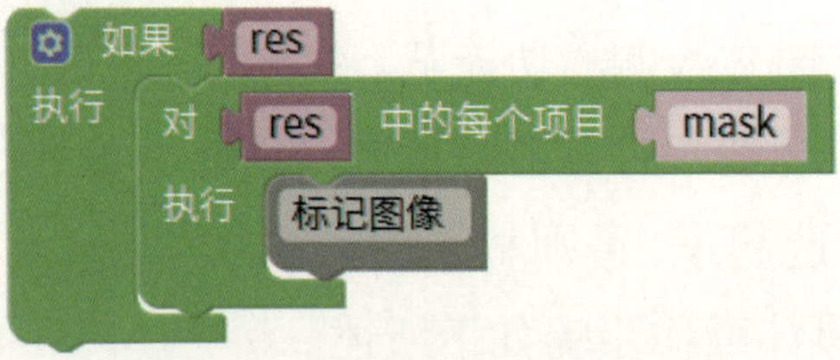

图13.21 框选标记口罩

②获得每一个口罩检测结果的分类值、可信度、边界框大小等值（图13.22）。

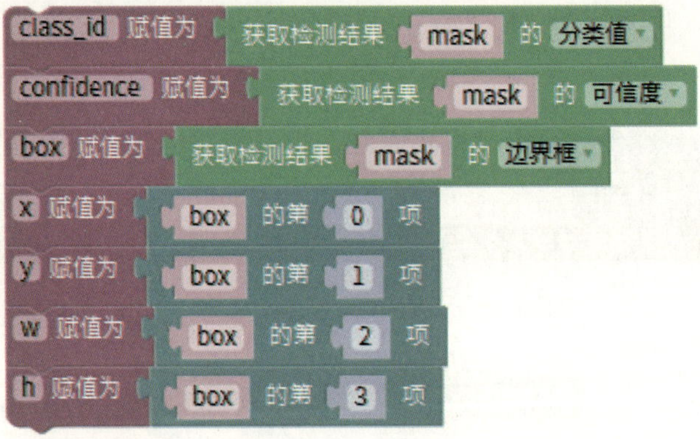

图13.22 获取口罩检测参数及位置区域

③判断是否佩戴口罩（图13.23）。

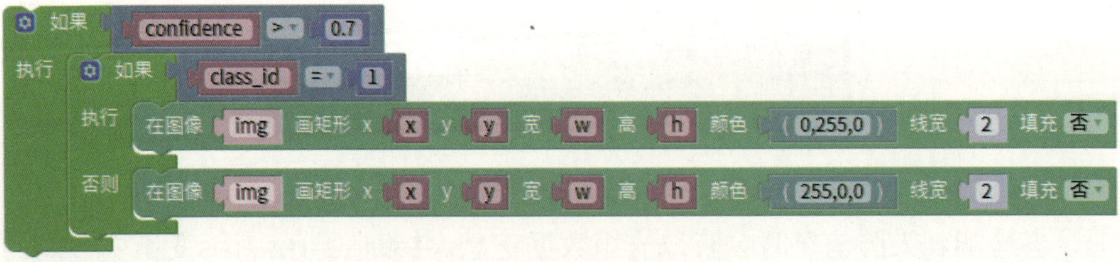

图13.23 判断是否佩戴口罩

步骤5 显示经标记后的图像（图13.24）。

步骤6 完整的口罩佩戴检测程序如图13.25所示。

显示屏　显示图像　img

图13.24　显示图像

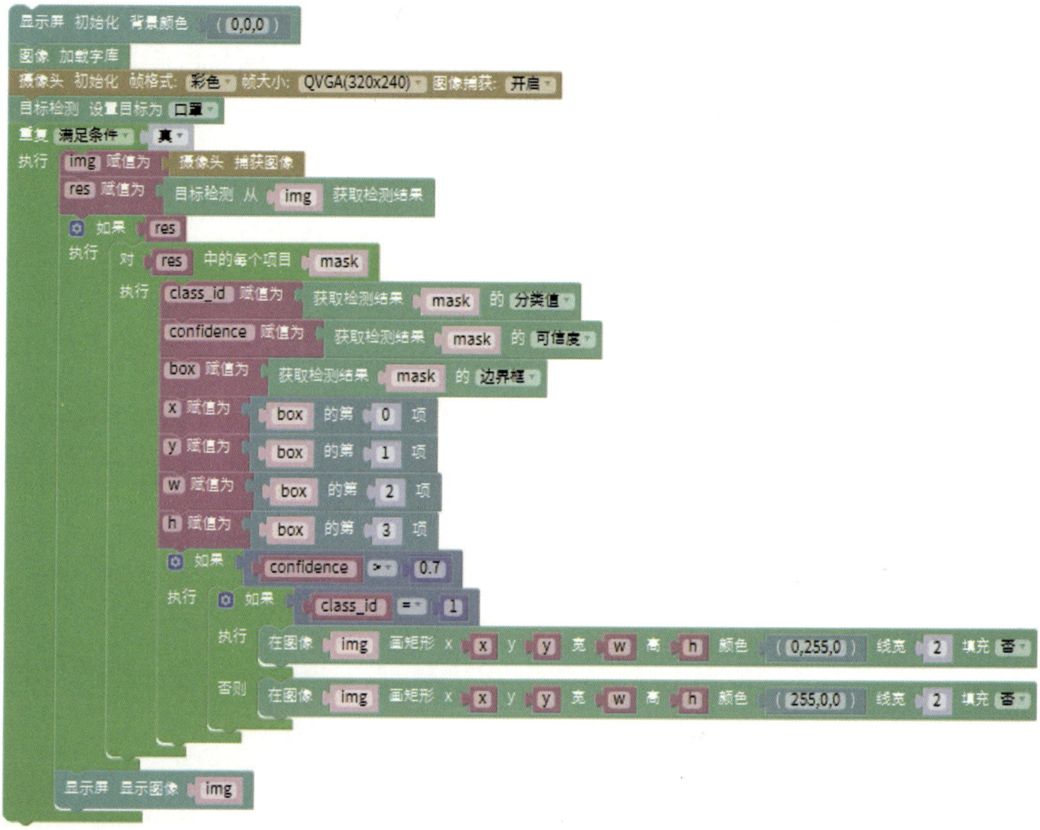

显示屏　初始化　背景颜色　(0,0,0)
图像　加载字库
摄像头　初始化　帧格式：彩色　帧大小：QVGA(320x240)　图像捕获：开启
目标检测　设置目标为　口罩
重复　满足条件　真
执行　img　赋值为　摄像头　捕获图像
　　　res　赋值为　目标检测　从　img　获取检测结果
　　　如果　res
　　　执行　对　res　中的每个项目　mask
　　　　　　执行　class_id　赋值为　获取检测结果　mask　的分类值
　　　　　　　　　confidence　赋值为　获取检测结果　mask　的可信度
　　　　　　　　　box　赋值为　获取检测结果　mask　的边界框
　　　　　　　　　x　赋值为　box　的第　0　项
　　　　　　　　　y　赋值为　box　的第　1　项
　　　　　　　　　w　赋值为　box　的第　2　项
　　　　　　　　　h　赋值为　box　的第　3　项
　　　　　　　　　如果　confidence　>　0.7
　　　　　　　　　执行　如果　class_id　=　1
　　　　　　　　　　　　执行　在图像　img　画矩形　x　x　y　y　宽　w　高　h　颜色　(0,255,0)　线宽　2　填充　否
　　　　　　　　　　　　否则　在图像　img　画矩形　x　x　y　y　宽　w　高　h　颜色　(255,0,0)　线宽　2　填充　否
　　　显示屏　显示图像　img

图13.25　完整程序

编译并上传到OpenAIE启蒙硬件。图13.26中（a）是用于测试的卡片，（b）是人脸口罩检测程序运行后的结果。

（a）测试卡片　　　　　　　（b）运行结果

图13.26　人脸口罩检测效果演示

三、探索与思考

（1）本任务将可信度的阈值设置为0.7，请尝试更改阈值的大小，观察检测效果，并尝试解释原因。

（2）实际上目标检测算法可以自己训练，并存放在OpenAIE启蒙硬件的SD卡中通过编写程序调用，有条件的同学可以自己训练一个目标检测模型，尝试编写程序调用。

🎨 拓展实践

人脸检测技术在生活中应用广泛。请结合本项目的知识内容，发挥你们的想象力与创造力，对人脸口罩检测系统进行改造，使其更完美。例如，添加语音交互功能，当佩戴好时，提示你已正确佩戴口罩，当没有佩戴口罩时，提醒佩戴口罩。

✏️ 记录成长

通过本项目的学习，你有哪些收获呢？在表中记录下来。

学习内容	完成度
了解人脸检测的原理	☆☆☆☆☆
了解口罩佩戴检测的原理	☆☆☆☆☆
掌握人脸与口罩佩戴检测的图形化编程语句的用法	☆☆☆☆☆
能够结合硬件完成图形化编程，实现人脸检测与口罩佩戴检测的功能	☆☆☆☆☆
其他收获：	

图像自动分类机器人

14

◻ 学习目标

◇ 了解图像分类的概念以及常用分类模型。

◇ 理解YOLO分类模型实现图像分类的过程。

◇ 掌握图形化编程实现图像分类的方法。

◇ 能够结合OpenAIE启蒙硬件完成图形化编程，实现制作基于图像分类功能的自动分类机器人。

📧 **情景与任务**

　　近年来，凭借大规模数据集和庞大的计算资源，计算机视觉领域的图像分类技术蓬勃发展，并涌现出许多成熟的视觉图像分类任务模型。

　　无人贩售机利用全智能的动态视觉识别技术，当用户拿取商品后，通过内置的摄像头拍摄拿取商品后的图像，与之前拍摄的图像进行对比分析，可以获取、记录用户所取商品的种类及数量，并快速计算金额推送结算方式，节省了人力，也提高了交易过程的效率（图14.1）。其中，机器支持图像识别分析商品种类，利用了多种图像检测、分类、分割技术，并采用了多种模型联合决策，保证了识别的准确性。那么，机器是如何检测、识别、分类出具体的商品的呢？今天我们来探究图像目标检测分类技术。

（a）无人贩售机　　　　　　　（b）工作中的无人贩售机

图14.1　图像分类的应用

🧪 **设计与实践**

一、图形化编程常识

　　图像分类：根据图像信息中所表现的特征，把不同类别的目标区分开的图像处理方法。通过计算机对图像进行定量分析，把图像或图像中的每个像素或区域划归为若干个类别中的某一种，以代替人的视觉判断。图像分类模型则是实现图像分类的算法，常用的图像分类模型有CIFAR-10、YOLO模型、CIFAR-100等。

YOLO模型：一种目标检测模型。目标检测是计算机视觉中比较简单的任务，可在一张图片中找到特定的物体，目标检测不仅要求对物体的种类进行识别，同时要求对物体的位置进行标记，如图14.2所示。随着YOLO模型的改进升级，可以用于图像分类工作。本项目所使用的图像分类模型是YOLO模型。

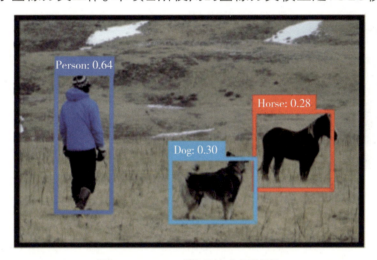

图14.2　YOLO模型的应用情况

本项目使用的是YOLO神经网络训练的20分类模型，可以实现对20种常见物体进行检测分类，包括飞机、自行车、小鸟、船、瓶子、公共汽车、轿车、猫、椅子、牛、餐桌、狗、马、摩托车、人、盆栽、羊、沙发、火车、电视20个类别物体。

模型训练与调用：图像分类模型的训练与调用，主要包括整理数据集、标记分类图像、训练神经网络、测试调用模型等过程。其中，整理数据集是指收集同种物体各种造型图像，并整理为所需要的尺寸大小；标记分类图像需要使用标记工具将每一张图像做标签并进行分类；训练神经网络则是选择适用的神经网络算法对数据进行训练，在一定的规则下分类总结每一种类别物体的特征从而得到分类模型；最终编写程序调用模型，进行测试分类。例如，训练一个水果分类的模型，调用实现分类橙子、火龙果和苹果（图14.3）。

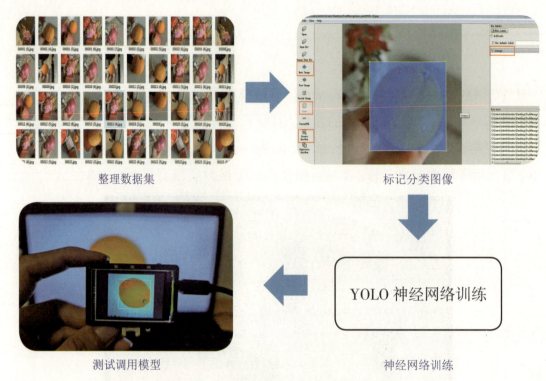

整理数据集　　　　　　　　　　　　　标记分类图像

YOLO 神经网络训练

测试调用模型　　　　　　　　　　　　神经网络训练

图14.3　YOLO模型的训练与调用过程

二、任务实践

接下来，运用Mixly图形化编程软件，结合OpenAIE启蒙硬件来探究图像分类的功能吧。通过1个任务进行实践。

任务：实现图像目标分类的功能。

任务：实现图像目标分类的功能

目标分类检测是通过机器设备对图像中的物体目标进行检测并分类标记，其主要过程如图14.4所示。

OpenAIE启蒙硬件内置了图像分类模型——YOLO模型，本任务通过直接调用来学习体验图像分类技术，实现对图像中物体的分类检测功能。

目标检测设置积木，目前可以设置人脸、口罩、20分类3种类型的目标检测，其中20分类是实现对20种物体进行检测（图14.5）。

接下来，编程实现图像分类功能吧，具体步骤如下所述。

步骤1　初始化摄像头和显示屏，添加中文字库（图14.6）。

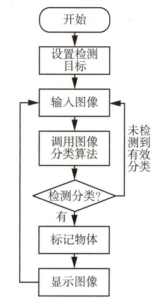

图14.4　目标分类过程示意图

图14.5　目标检测设置积木

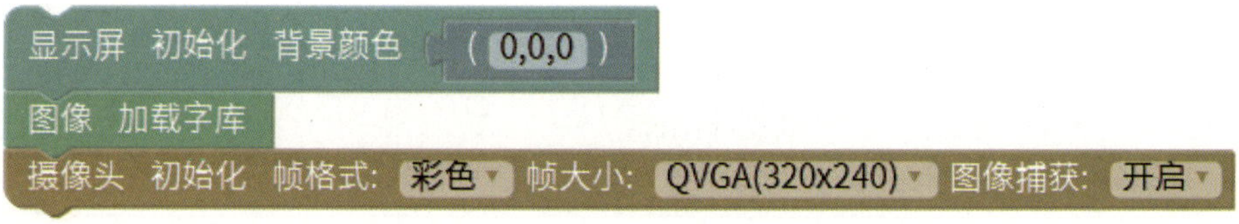

图14.6　显示屏与摄像头初始化

步骤2　设置检测目标（图14.7）。

图14.7　目标检测设置

步骤3　确定分类的类别。创建一个列表,将分类的所有类别作为列表的数据元素。将新创建的列表拖至编程区域,保持默认名称"mylist",并将分类的类别填写完成。每个类别使用" ' "标记,并使用","隔开,如图14.8所示。

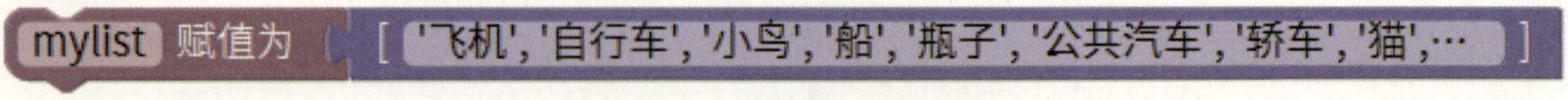

图14.8　确定分类类别

步骤4　输入图像，对每一帧图像进行检测。摄像头获取连续的画面，存储在变量img中，使用目标检测结果积木检测图像，获取数据信息，并赋值给res（图14.9）。

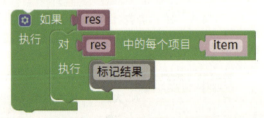

图14.9　逐帧检测

当检测到目标时，变量res保存目标的若干个检测结果，每个结果包括分类值、可信度、边界框中心坐标及宽度与高度等参数。如图14.10所示，其中x、y为检测到图像区域的左上角坐标值，w、h为检测到区域的宽度和高度，value值为可信度大小，classid为分类值。

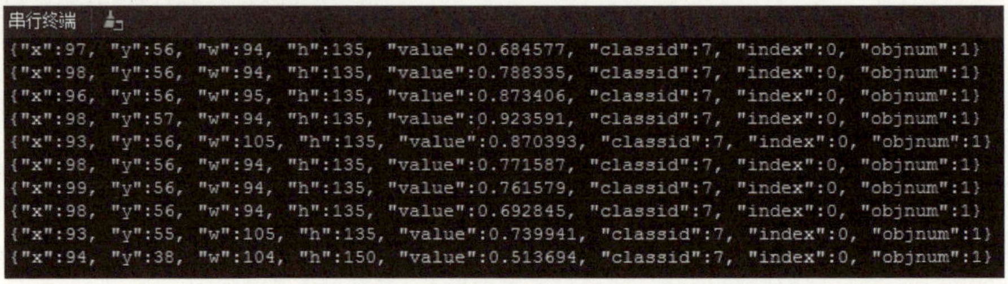

```
串行终端
{"x":97, "y":56, "w":94, "h":135, "value":0.684577, "classid":7, "index":0, "objnum":1}
{"x":98, "y":56, "w":94, "h":135, "value":0.788335, "classid":7, "index":0, "objnum":1}
{"x":96, "y":56, "w":95, "h":135, "value":0.873406, "classid":7, "index":0, "objnum":1}
{"x":98, "y":57, "w":94, "h":135, "value":0.923591, "classid":7, "index":0, "objnum":1}
{"x":93, "y":56, "w":105, "h":135, "value":0.870393, "classid":7, "index":0, "objnum":1}
{"x":98, "y":56, "w":94, "h":135, "value":0.771587, "classid":7, "index":0, "objnum":1}
{"x":99, "y":56, "w":94, "h":135, "value":0.761579, "classid":7, "index":0, "objnum":1}
{"x":98, "y":56, "w":94, "h":135, "value":0.692845, "classid":7, "index":0, "objnum":1}
{"x":93, "y":55, "w":105, "h":135, "value":0.739941, "classid":7, "index":0, "objnum":1}
{"x":94, "y":38, "w":104, "h":150, "value":0.513694, "classid":7, "index":0, "objnum":1}
```

图14.10　识别出的目标信息

步骤5　将检测到的目标框选标记。

①循环遍历每一个目标检测结果（图14.11）。

图14.11　循环遍历检测结果

②获得每一个目标检测结果的分类值、边界框相关数据值。其中，分类值数值对应20种类别，序号分别为0，1，…，19，与创建的列表中的类别一一对应，如图14.12所示。

class_id 赋值为 获取检测结果 item 的 分类值
box 赋值为 获取检测结果 item 的 边界框
x 赋值为 box 的第 0 项
y 赋值为 box 的第 1 项
w 赋值为 box 的第 2 项
h 赋值为 box 的第 3 项

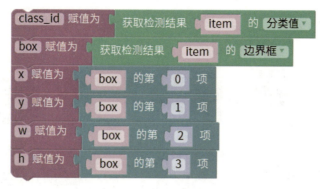

图14.12 获取分类检测参数及位置区域

③绘制矩形框并分类标记（图14.13）。其中，mylist存储有对应的类别信息，通过将分类值与其进行对应，即可找出分类类别。

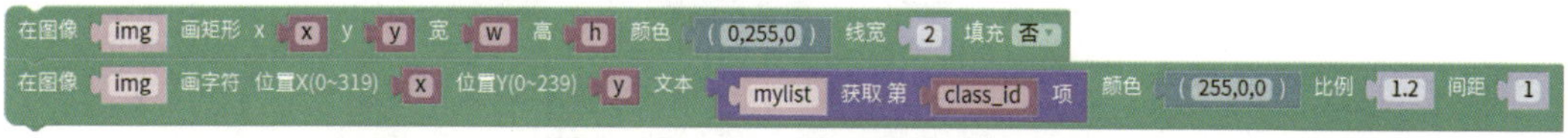
在图像 img 画矩形 x x y y 宽 w 高 h 颜色 (0,255,0) 线宽 2 填充 否
在图像 img 画字符 位置X(0~319) x 位置Y(0~239) y 文本 mylist 获取第 class_id 项 颜色 (255,0,0) 比例 1.2 间距 1

图14.13 绘制矩形框并分类标记

步骤6 显示分类结果（图14.14）。

显示屏 显示图像 img

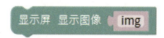

图14.14 显示分类结果

步骤7 完整程序如图14.15所示。

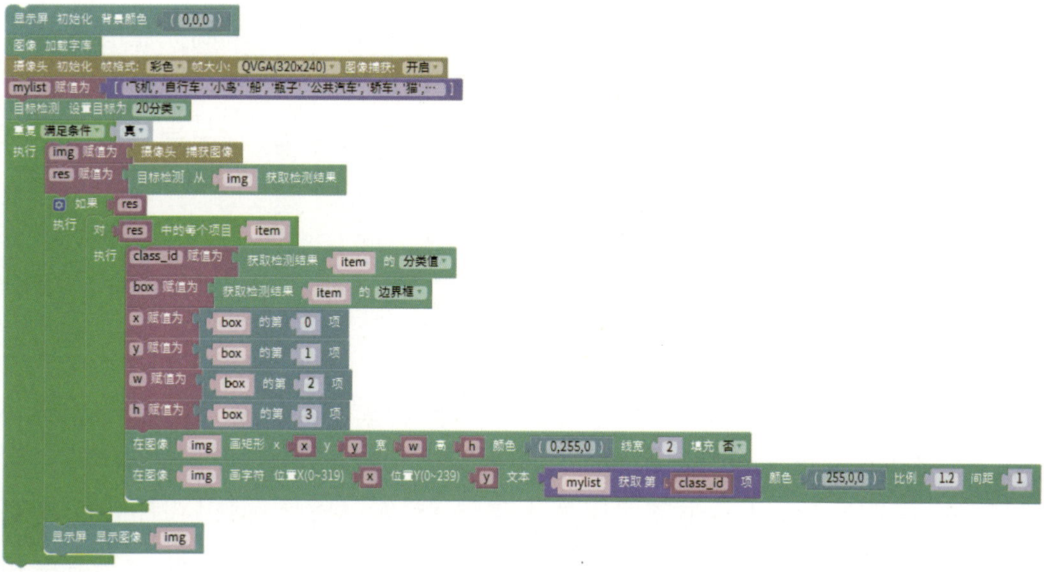
显示屏 初始化 背景颜色 (0,0,0)
图像 加载字库
摄像头 初始化 帧格式: 彩色 帧大小: QVGA(320x240) 图像捕获: 开启
mylist 赋值为 ['飞机','自行车','小鸟','船','瓶子','公共汽车','轿车','猫',…]
目标检测 设置目标为 20分类
重复 满足条件 真
执行 img 赋值为 摄像头 捕获图像
res 赋值为 目标检测 从 img 获取检测结果
如果 res
执行 对 res 中的每个项目 item
执行 class_id 赋值为 获取检测结果 item 的 分类值
box 赋值为 获取检测结果 item 的 边界框
x 赋值为 box 的第 0 项
y 赋值为 box 的第 1 项
w 赋值为 box 的第 2 项
h 赋值为 box 的第 3 项
在图像 img 画矩形 x x y y 宽 w 高 h 颜色 (0,255,0) 线宽 2 填充 否
在图像 img 画字符 位置X(0~319) x 位置Y(0~239) y 文本 mylist 获取第 class_id 项 颜色 (255,0,0) 比例 1.2 间距 1
显示屏 显示图像 img

图14.15 完整程序

编译并上传到OpenAIE启蒙硬件。实现20种物体的分类检测，效果如图14.16所示。

图14.16 图像目标检测效果示意图

三、探索与思考

（1）20分类需要对20种物体进行模型训练，并进行分类检测，请结合本项目实践思考，给学校的植物园设计一个植物分类系统，请尝试编制完整的设计方案，包括数据采集、标注、模型训练、模型调用4个过程。

（2）在自动分类时，有时候能准确地识别，有时候不能，或者显示成另外的物体。这是哪里出了问题？

拓展实践

目标检测与图像分类技术是智能视觉领域的重要技术，在生活中的应用非常广泛。例如，交通信号灯控制系统应用视觉识别技术，通过不同组摄像头，分别实时分析车流量与人行道等候区的人流量，智能调整信号灯的时间，提高交通出行效率（图14.17）。结合本项目学习的知识，请尝试设计一个根据车流量和人流量进行自动控制的交通信号系统，实现分别检测车辆、行人目标，并计算数量，动态调整信号灯点亮时间。

图14.17　交通信号灯控制系统

✏ 记录成长

通过本项目的学习，你有哪些收获呢？在表中记录下来。

学习的内容	完成度
了解图像分类的概念及常用分类模型	☆☆☆☆☆
了解模型训练与调用方法	☆☆☆☆☆
理解YOLO模型实现图像分类的过程	☆☆☆☆☆
掌握图形化编程实现图像分类的方法	☆☆☆☆☆
能够结合OpenAIE启蒙硬件完成图形化编程，实现基于图像分类的自动分类机器人	☆☆☆☆☆
其他收获：	

智能语音
垃圾分类机器人

15

◻ **学习目标**

◇掌握语音识别的概念和实现原理。

◇理解语音识别垃圾分类系统的实现过程。

◇掌握串口信息的获取和显示方法。

◇能够结合OpenAIE启蒙硬件完成图形化编程，完成智能语音垃圾分类机器人实践项目。

🔖 情景与任务

　　生活垃圾是人们在日常生活中产生的废弃用品，但实际上生活垃圾也可以转变为一种资源，绝大部分的生活垃圾都可以进行回收利用。因此，生活垃圾分类的推进和普及显得格外重要。生活垃圾分类一方面可以赋予垃圾更多价值，强化生活垃圾循环利用，力争物尽其用；另一方面，做好生活垃圾分类更有利于生活垃圾的后续处理，使后续对垃圾的处理更接近于无害化，从而有效减少环境污染。

　　为了帮助人们对生活垃圾进行正确的分类，垃圾分类App被开发并广泛推广、应用，如：百度App已全面上线"百度AI垃圾分类"智能小程序；支付宝上线了"垃圾分类向导"和"垃圾分类指南"小程序等，如图15.1所示。其中，部分垃圾分类App融合了先进的智能技术——语音识别技术，通过语音交互方便、快捷地实现垃圾自动分类。

图15.1　生活中的垃圾分类

　　本项目将着力设计一款基于语音识别的垃圾自动分类系统，通过人机对话、自动识别语音从而判断所投放的垃圾类别，帮助投送到合适的垃圾桶里，由人为判断垃圾分类转为自动识别。接下来，让我们结合OpenAIE启蒙硬件，探究智能语音垃圾分类系统的奥秘吧。

🧪 设计与实践

一、图形化编程常识

语音识别技术：语音识别技术就像机器的"听觉系统"，让机器通过识别和理解过程将连续语音信号转变为相应的文本、命令或句子。语音识别技术主要包括语音特征提取、模式识别及声学模型训练3个方面，其中，声学模型训练一般是在大词汇语料集上进行的，支持非特定人连续语音识别（图15.2）。

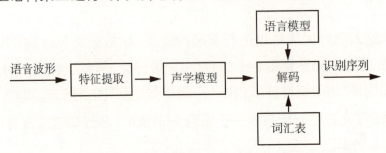

图15.2　语音识别技术的原理示意图

发音混淆：是语音识别中的常见问题，可分为相同读音、相同音节不同音调、相似音节相同音调、相似音节不同音调等情况，给语音识别的结果带来负面影响。

关键词：实际应用中，可以设置一组与特定应用场景相关的词汇作为关键词，这样可以提高识别效率、简化编程过程，也有助于改善发音混淆的问题。

串口信息获取和显示：对于嵌入式设备，串口是最常用的接口，串口通常用于输出程序的运行或调试（图15.3）。串口的基本操作包括确定使用的串口号、配置波特率、打开串口、收发数据、关闭串口。

图15.3　串口信息获取和显示积木

实例：小明今年17岁，判断小明是否成年（图15.4）。

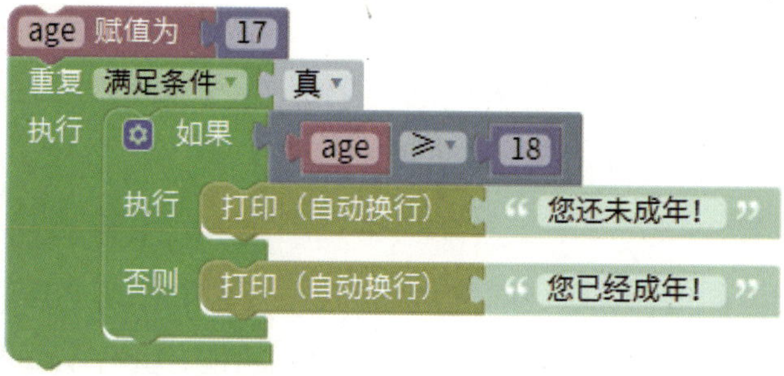

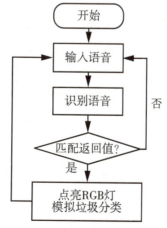

图15.4　利用串口进行信息交互的实例

二、任务实践

运用Mixly图形化编程软件，结合OpenAIE启蒙硬件来设计一款基于语音识别的垃圾自动分类系统。接下来，通过两个任务进行实践。

任务1：实现语音识别分类垃圾的功能；

任务2：实现串口输出垃圾分类结果的文本信息。

任务1：实现语音识别分类垃圾的功能

OpenAIE启蒙硬件集成了语音识别芯片，可实现语音识别及交互功能，在项目9中已经认识了语音识别功能，掌握了语音识别及交互相关的积木及编程方法。通过编程，上传至OpenAIE启蒙硬件，可以实现语音控制的人机交互。本任务将结合语音识别及交互技术实现垃圾分类功能。

结合语音识别的原理，智能语音垃圾分类系统的实现过程如图15.5所示。

图15.5　智能语音垃圾分类系统的实现过程

智能语音垃圾分类系统实现的具体步骤如下所述。

步骤1　输入语音。系统功能开启后，通过收音孔收集语音命令。

步骤2　识别语音。系统运行算法提取语音特征，并与预设的关键词比对，返回相应的值。

步骤3　匹配返回值。获取当前关键词的返回值，判断是否与定义的值匹配。

步骤4　点亮RGB灯模拟垃圾分类。针对返回值，执行不同的命令。

因此，实现垃圾分类功能，需先预设命令关键词。按照城市垃圾分类回收制度的要求，将日常生活产生的垃圾分为厨余垃圾、有害垃圾、可回收物、其他垃圾四大类，每一大类包含生活中的各种垃圾与回收物，可以按照分类建立关键词命令，见表15.1。

表 15.1　按照分类建立的关键词命令与返回值

序号	分类	关键词合集	关键词定义	返回值
1	厨余垃圾	果皮、蛋壳、剩菜、剩饭	chu yu	1
2	有害垃圾	电池、药片、油漆	you hai	2
3	可回收物	易拉罐、报纸、衣服、玻璃瓶	hui shou	3
4	其他垃圾	烟头、餐盒、骨头、纸巾	qi ta	4

在每一大类下，同时包含生活中的具体垃圾，可以针对具体的垃圾物品建立关键词命令，在实际使用中，能够针对具体的垃圾物品打开正确的分类装置。表15.2所示为部分具体垃圾物品。

表 15.2　具体垃圾物品的关键词命令与返回值

序号	分类	关键词合集	关键词定义	返回值
1	厨余垃圾	果皮	guo pi	1
		蛋壳	dan ke	1
		剩饭	sheng fan	1
		剩菜	sheng cai	1
2	有害垃圾	电池	dian chi	2
		药片	yao pian	2
		油漆	you qi	2
3	可回收物	易拉罐	yi la guan	3

续表

序号	分类	关键词合集	关键词定义	返回值
3	可回收物	报纸	bao zhi	3
		衣服	yi fu	3
		玻璃瓶	bo li ping	3
4	其他垃圾	烟头	yan tou	4
		餐盒	can he	4
		骨头	gu tou	4
		纸巾	zhi jin	4

注：同一种分类的关键词返回值必须相同。

编程实现任务1的功能，具体的步骤如下所述。

步骤1　启动语音识别功能。

①在传感器模块中使用语音识别初始化积木（图15.6），打开模块的语音识别功能。

语音识别　初始化

图15.6　语音识别初始化

②依据表15.1和表15.2，设置语音识别关键词。需要注意的是，关键词汉语拼音音节之间需要使用空格隔开（图15.7）。

③开启语音识别状态（图15.8）。

④定义变量res，保存语音识别的结果（图15.9）。

步骤2　点亮RGB灯，模拟垃圾分类装置。判断语音识别结果的返回值，执行对应的操作。这里使用条件语句，通过判断变量res不同值的大小，控制不同的RGB灯状态（RGB灯状态对应垃圾分类结果），程序如图15.10所示。

● 厨余垃圾点亮红灯；
● 有害垃圾点亮绿灯；
● 可回收物点亮蓝灯；
● 其他垃圾熄灭所有灯。

步骤3　智能语音垃圾分类系统的完整程序如图15.11所示。

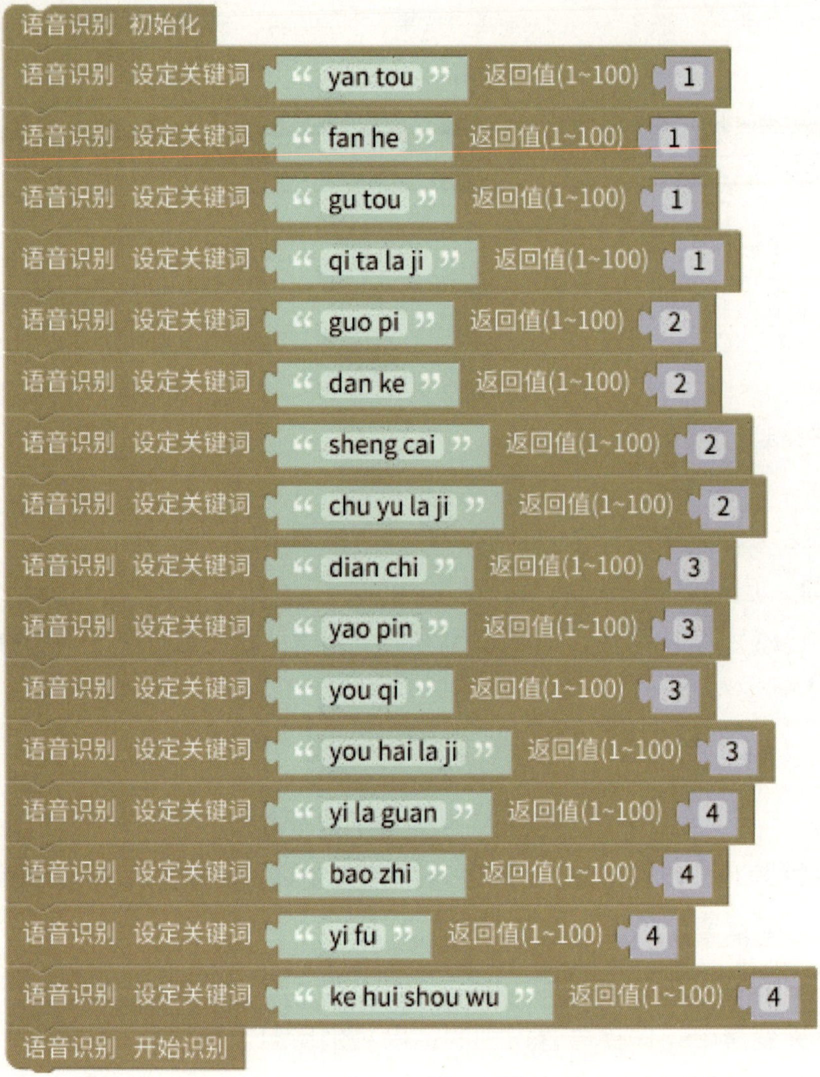

语音识别 初始化

语音识别 设定关键词 " yan tou " 返回值(1~100) 1

语音识别 设定关键词 " fan he " 返回值(1~100) 1

语音识别 设定关键词 " gu tou " 返回值(1~100) 1

语音识别 设定关键词 " qi ta la ji " 返回值(1~100) 1

语音识别 设定关键词 " guo pi " 返回值(1~100) 2

语音识别 设定关键词 " dan ke " 返回值(1~100) 2

语音识别 设定关键词 " sheng cai " 返回值(1~100) 2

语音识别 设定关键词 " chu yu la ji " 返回值(1~100) 2

语音识别 设定关键词 " dian chi " 返回值(1~100) 3

语音识别 设定关键词 " yao pin " 返回值(1~100) 3

语音识别 设定关键词 " you qi " 返回值(1~100) 3

语音识别 设定关键词 " you hai la ji " 返回值(1~100) 3

语音识别 设定关键词 " yi la guan " 返回值(1~100) 4

语音识别 设定关键词 " bao zhi " 返回值(1~100) 4

语音识别 设定关键词 " yi fu " 返回值(1~100) 4

语音识别 设定关键词 " ke hui shou wu " 返回值(1~100) 4

语音识别 开始识别

图15.7　设置关键词

语音识别 开始识别

图15.8　开启语音识别

res 赋值为 语音识别 读取识别结果

图15.9　保存语音识别的结果

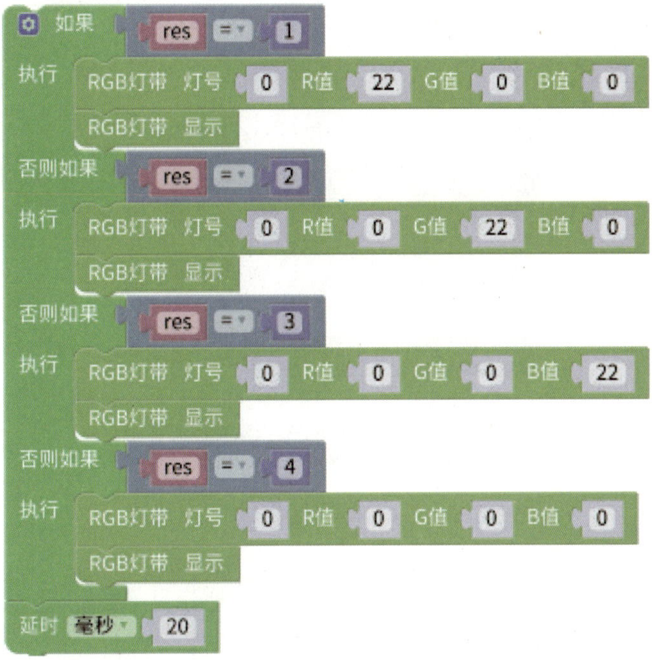

图15.10 通过点亮RGB灯，模拟垃圾分类装置

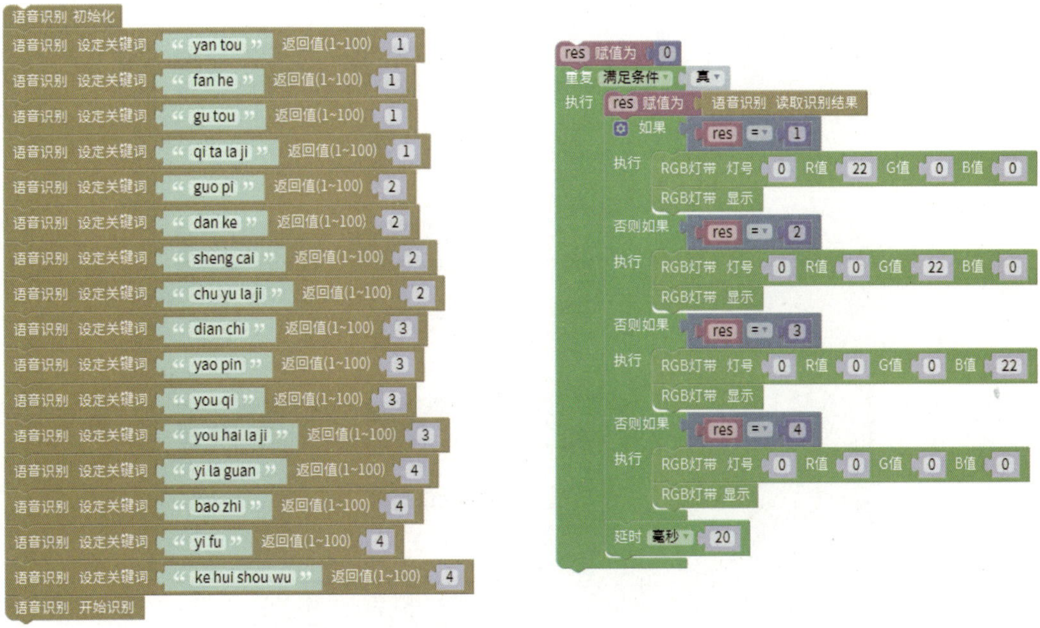

图15.11 完整程序

任务2：实现串口输出垃圾分类结果的文本信息

在程序运行、调试过程中，有时候会出现程序运行失败、语音识别不成功的

情况，不知原因时可以使用串口获取、显示信息，定位程序问题，辅助程序调试。具体步骤如下所述。

步骤1　编辑串口输出的文本信息（图15.12）。

图15.12　编辑串口输出的文本信息

步骤2　根据语音识别命令设置对应的文本信息（图15.13）。

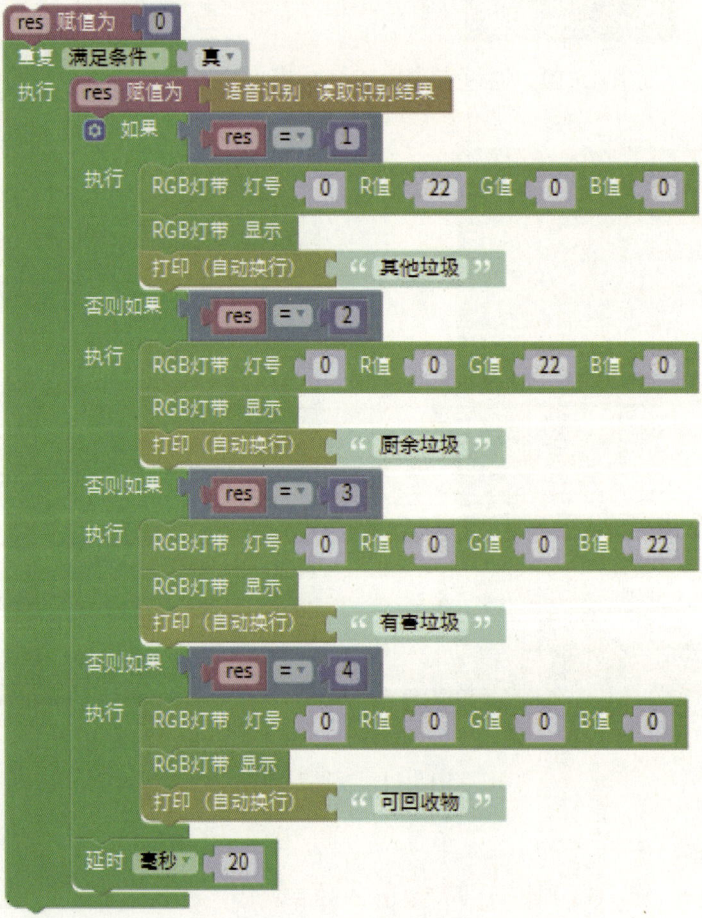

图15.13　根据语音识别情况进行控制和输出

步骤3　智能语音垃圾分类系统的最终程序如图15.14所示。

图15.14　最终程序

步骤4　将智能语音垃圾分类系统的程序编译、上传到OpenAIE启蒙硬件。保持计算机和硬件连接成功，选择图形化编程软件的串口监视器按钮，如图15.15（a）所示。出现监视器串口，如图15.15（b）所示，并开始调试程序，输入关键词命令，检查RGB灯状态与输出信息是否一致。如果不一致，可以检查关键词的返回值是否有误。

（a）软件串口监视器按钮　　　　（b）程序运行中串口监视器输出内容

图15.15　串口监视器的使用

三、探索与思考

（1）实际生活中，垃圾分类装置在一天内使用的时间段和次数相对稳定，那么在空闲时间如何保持系统待机，需要时再通过唤醒词将系统唤醒？请尝试设计通过系统的唤醒词来控制系统的使用状态。

（2）实际生活中，垃圾分类的品类繁多，但语音识别的关键词有硬件限制、命令词数量限制，如何在有限的命令词下使系统更具实用性呢？可增加系统交互提示、自定义关键词扩充等功能，请尝试设计解决方法。

（3）生活中经常存在汉字发音相近的情况，在语音识别时，会对系统识别准确性产生影响，可以采用什么方法来解决相似音的影响呢？

拓展实践

本项目完成了智能语音垃圾分类系统的功能设计，但在实际应用中，智能语音垃圾分类装置不仅要实现语音识别的功能，还要实现一些其他功能使其更具实用性，如设计垃圾分类装置结构来辅助存放分类垃圾、语音交互指导人们正确投放等。可以应用舵机控制垃圾分类装置结构，应用语音合成传感器实现语音交互等，请尝试设计一款智能语音垃圾分类装置，完成垃圾分类投放的整个过程。

记录成长

通过本项目的学习，你有哪些收获呢？在表中记录下来。

学习的内容	完成度
掌握语音识别的概念和实现原理	☆☆☆☆☆
掌握串口信息的获取和显示方法	☆☆☆☆☆
掌握语音识别分类的实现过程	☆☆☆☆☆
掌握语音识别的图形化编程方法	☆☆☆☆☆
能够结合OpenAIE启蒙硬件完成图形化编程，完成智能语音垃圾分类机器人实践项目	☆☆☆☆☆
其他收获：	

智慧交通
信号灯

◻ 学习目标

◇理解计算机视觉检测车辆和行人的原理及实现过程。

◇设计基于车流量与人流量的智慧交通信号灯的控制算法。

◇结合OpenAIE启蒙硬件完成图形化编程，实现实时控制智慧
　交通信号灯的效果。

📠 情景与任务

"红灯停, 绿灯行, 黄灯亮了等一等", 这些交通信号灯是如何控制的呢? 当前, 大部分交通信号灯最基本的控制方式是定时控制, 事先调查好不同路口的车流量情况, 制订好配时方案, 然后红、黄、绿灯按照既定的方案进行周期循环。这种方式十分常见, 但缺点也较为明显, 不能根据道路实际人流量、车流量情况进行灵活调整。

随着计算机视觉技术在交通领域的广泛应用(图16.1), 如车辆分类、行车违章检测、交通流量分析、停车占用检测、自动车牌识别、车辆重新识别、行人检测、交通标志检测、防撞系统、路况监测、基础设施状况评估、驾驶员注意力检测等, 交通信号灯控制方式更加智慧化, 可实时对各个路口的人流量和车流量进行检测及数据统计, 再根据实际的人流量和车流量来控制信号灯, 从而使交通效率最大化。

图16.1　计算机视觉技术在交通中的应用

🧪 设计与实践

本项目将使用OpenAIE启蒙硬件、开元主控器, 采用Mixly图形化编程软件, 模拟实现智慧交通信号灯控制系统。模拟智慧交通信号灯控制系统是基于图像识别技术, 识别车辆与人, 判断流量大小, 进而控制智慧交通信号灯的工作。接下来, 让我们通过3个小任务进行实践。

任务1: 分析智慧交通信号灯的功能和实现逻辑;
任务2: 编程实现人流量检测的功能;
任务3: 编程实现车流量检测的功能。

任务1：分析智慧交通信号灯的功能和实现逻辑

计算机视觉技术能够实现实时对道路上的行人与车辆进行识别, 通过对识别的目标进行数据统计，再对人流量与车流量的数据大小进行比较，实现动态地控制交通信号灯的工作。

人流量检测可以使用OpenAIE启蒙硬件模块的人脸检测功能实现，设置检测目标为人脸。当位于人行道的摄像头检测到图像区域内的人脸时，计算区域内的人脸数量，作为人流量大小的参考值，如在检测中出现3张人脸，此时人流量密度为3。

车流量检测可以使用OpenAIE启蒙硬件模块的20分类功能实现，设置检测目标为20分类，并标注反馈其中的轿车和公共汽车，计算出两者的数量总和作为车流量大小的参考值。例如，在检测中出现轿车和公共汽车各1辆，此时计算车流量密度为2。具体实现流程如图16.2所示。

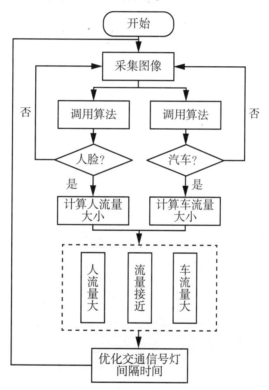

图16.2　智慧交通信号灯功能实现流程图

智慧交通信号灯实现的关键技术：

- 人行通道上的摄像头通过人脸检测技术识别人脸，统计单位时间里的人流量；
- 根据人流量的大小，动态调整人行通道上绿灯的持续时长；
- 道路口的摄像头通过车辆检测技术识别车辆，统计单位时间里的车流量；
- 根据车流量的大小，动态调整车道上绿灯的持续时长；

● 根据人流量和车流量的大小, 对东、西、南、北方向上的交通灯进行综合控制(用LED灯模拟)。

任务2: 编程实现人流量检测的功能

在OpenAIE启蒙模块中, 目标检测设置为人脸检测。当检测到人脸时, 绘制红色矩形框将人脸框起来, 并统计人脸数量, 进而得出人流量。具体步骤如下所述。

步骤1 显示屏与摄像头初始化, 添加中文字库(图16.3)。

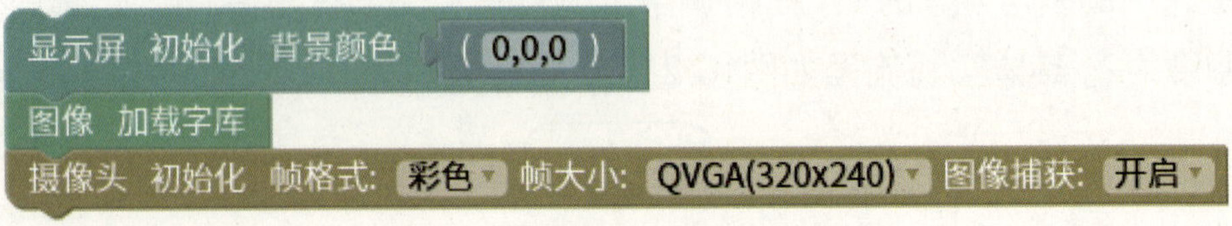

显示屏 初始化 背景颜色 (0,0,0)
图像 加载字库
摄像头 初始化 帧格式: 彩色▼ 帧大小: QVGA(320x240)▼ 图像捕获: 开启▼

图16.3 显示屏与摄像头初始化

步骤2 设置检测目标。在OpenAIE启蒙模块中选择目标检测设置积木, 设置检测目标为人脸, 如图16.4所示。

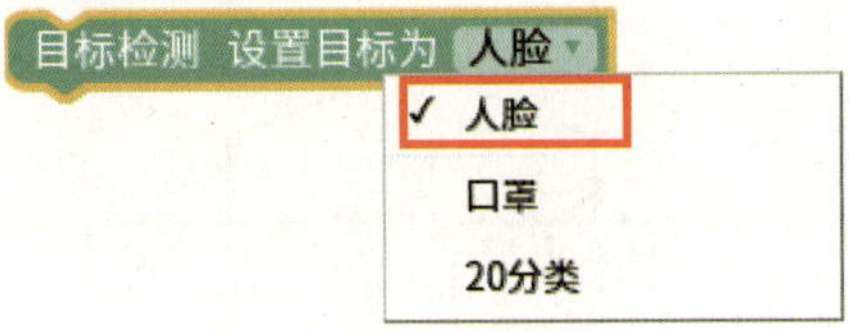

目标检测 设置目标为 人脸▼
✓ 人脸
口罩
20分类

图16.4 设置检测目标

步骤3 输入图像, 并针对每一帧图像进行检测。摄像头获取连续的画面, 存储在变量img中, 使用目标检测结果积木检测图像中的人脸情况, 如图16.5所示。

img 赋值为 摄像头 捕获图像
res 赋值为 目标检测 从 img 获取检测结果

图16.5 逐帧检测

步骤4 将检测到的人脸框选标记。

①当检测到人脸信息时, 变量res保存人脸的若干个检测结果, 每个结果包括分类值、可信度、边界框3个参数。在控制模块中, 使用有限循环语句积木, 遍历每个人脸检测结果(图16.6)。

②获得每一个人脸检测结果的分类值、边界框大小等值(图16.7)。

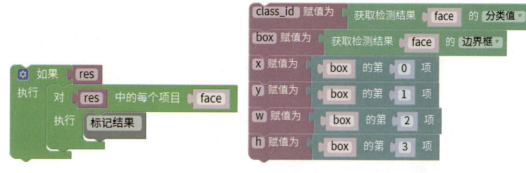

图16.6　遍历每个人脸检测结果　　　　图16.7　获得检测结果的各项值

③绘制矩形框以及文字标记（图16.8）。

图16.8　绘制矩形框以及文字标记

步骤5　计算人脸数量（图16.9）。

步骤6　显示图像（图16.10）。

图16.9　计算人脸数量　　　　　　图16.10　显示图像

步骤7　人流量检测的完整程序如图16.11所示。

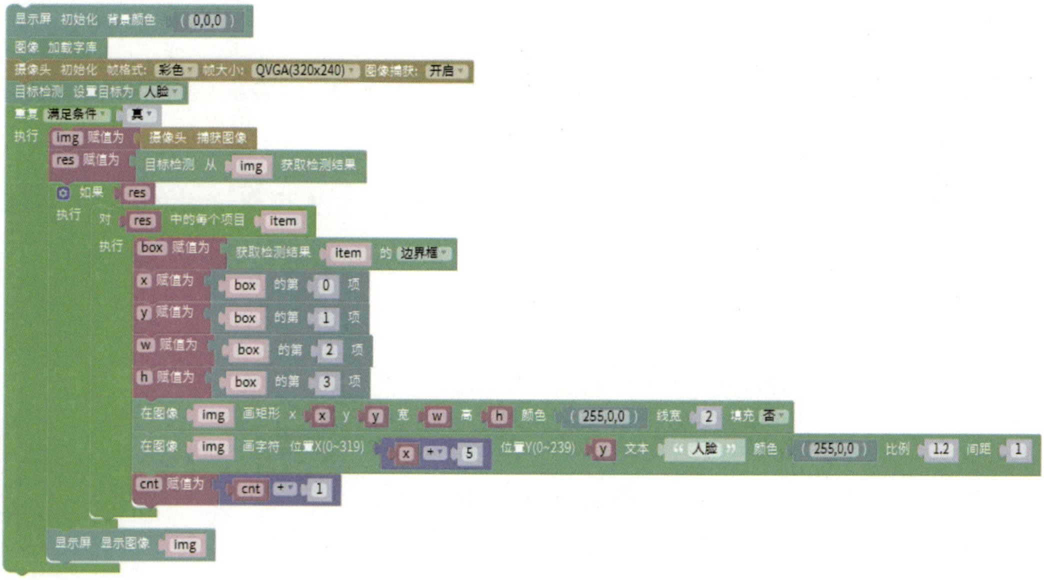

图16.11　完整程序

任务3：编程实现车流量检测的功能

在OpenAIE启蒙模块中，目标检测设置为20分类检测。当检测到车辆时，绘制红色矩形框将车辆框起来，并统计车辆数量，进而得出车流量。接下来，编程实现车流量检测的功能，具体步骤如下所述。

步骤1　初始化摄像头和显示屏，添加中文字库（图16.12）。

图16.12　显示屏和摄像头初始化

步骤2　设置检测目标（图16.13）。

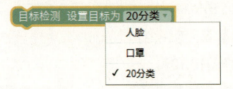

图16.13　设置检测目标

步骤3　确定分类的类别。创建一个列表，将分类的所有类别作为列表的数据元素。将新创建的列表拖至编程区域，保持默认名称"mylist"，并将分类的类别填写完成。每个类别使用"' '"标记，并使用"，"隔开，如图16.14所示。

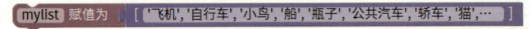

图16.14　确定分类的类别

步骤4　输入图像，对每一帧图像进行检测。摄像头获取连续的画面，存储在变量img中，使用目标检测结果积木检测图像，获取数据信息，并赋值给res，如图16.15所示。

图16.15　逐帧检测

步骤5　框选标记检测到的目标。

①循环遍历每一个目标检测结果（图16.16）。

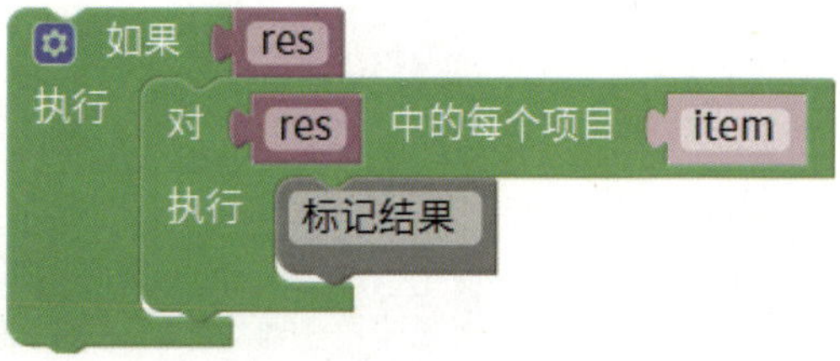

图16.16 循环遍历每一个目标检测结果

②获得每一个目标检测结果的分类值、边界框相关数据值，其中分类值数值对应20种类别，序号分别为0，1，…，19，与创建的列表中的类别一一对应（图16.17）。

图16.17 获取分类检测参数及位置区域

③绘制矩形框并分类标记（图16.18）。其中，mylist存储有对应的类别信息，通过将分类值与其进行对应，即可找出分类类别。

图16.18 绘制矩形框并分类标记

步骤6 检测为公共汽车或轿车的都作为机动车辆，数量增加1（图16.19）。

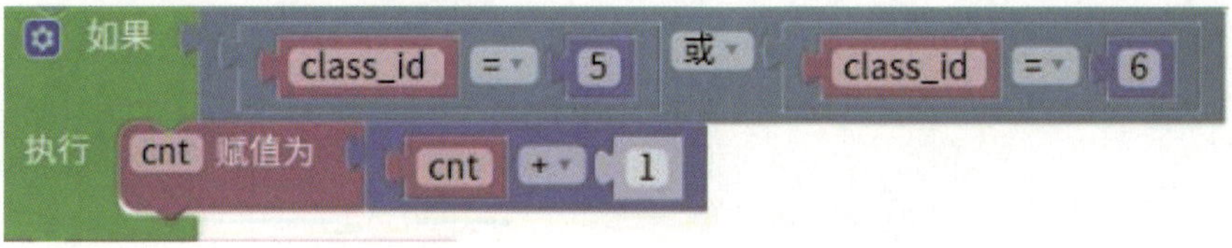

图16.19 累计机动车辆的数量

步骤7 根据车流量控制机动车道信号灯（图16.20）。

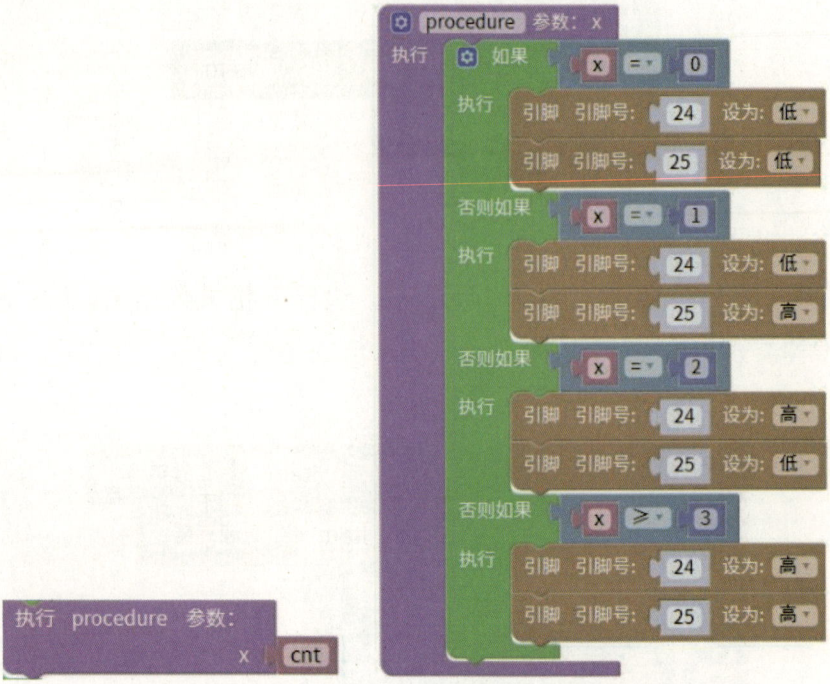

图16.20　根据车流量控制信号灯的开关

步骤8　车流量检测的程序如图16.21所示。

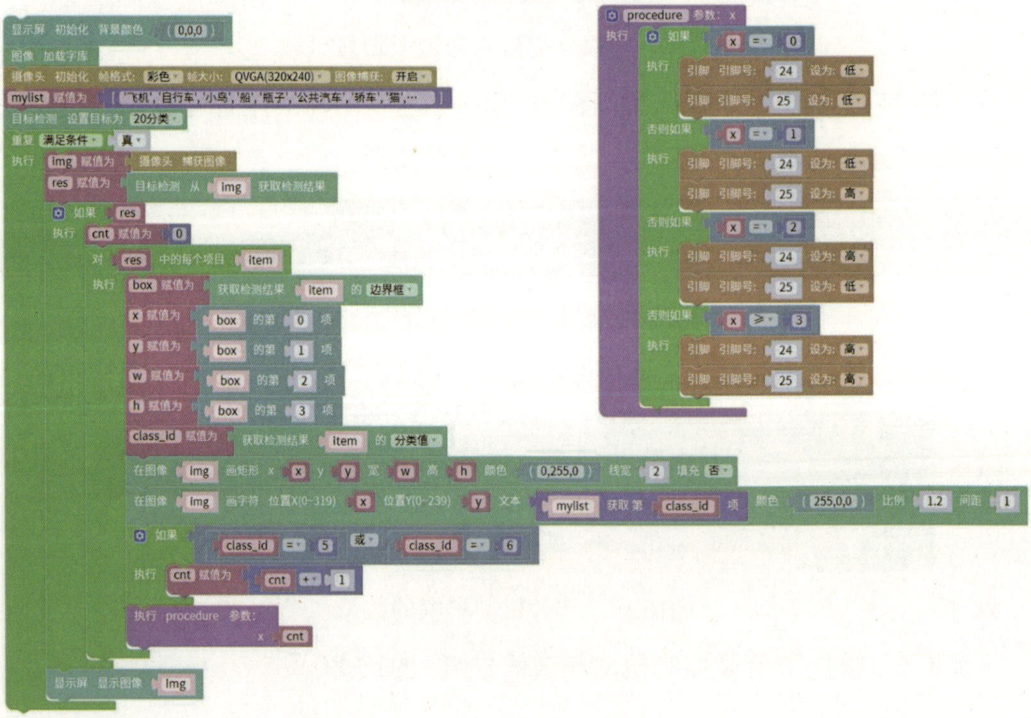

图16.21　车流量检测程序

步骤9 对车流量和人流量的数据进行比较,进而实时调整红绿灯的时长,提高路口车辆通行率,减少交通信号灯的空放时间,以提高道路的承载力,并对开元主控协调控制人行道信号灯与机动车道信号灯的算法进行设计与实现。

①初始化显示屏(图16.22)。

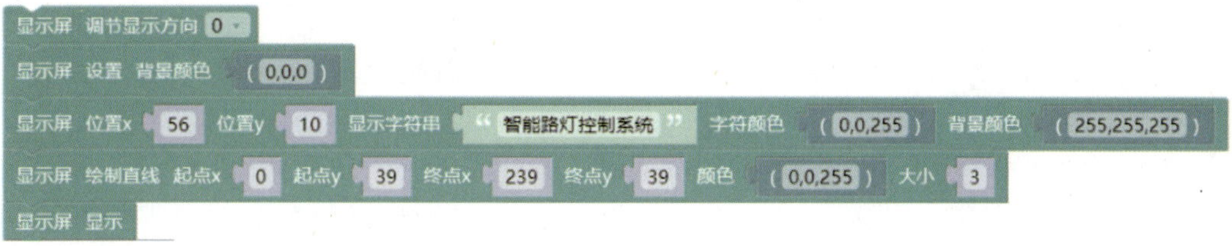

图16.22 初始化显示屏

②比较人流量与车流量大小,动态控制交通信号灯。在教学案例中,结合教学条件,当车流量与人流量一致时,交通灯设置时间为10;当人流量大于车流量时,交通灯设置时间为8;当人流量小于车流量时,交通灯设置时间为15,如图16.23所示。

③显示屏显示当前红绿灯状态(图16.24)。

④显示当前人流量和车流量状态(图16.25)。

步骤10 开元主控运行的完整程序如图16.26所示。

编译并上传到OpenAIE启蒙硬件。用道具模拟公路和人行道,使用人脸卡片和汽车卡片(图16.27)作为识别道具,进行演示模拟。

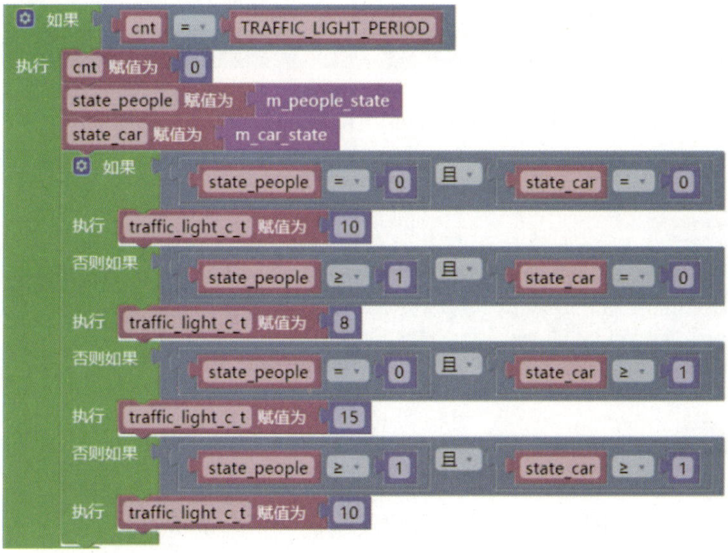

图16.23 根据人流量与车流量控制信号灯

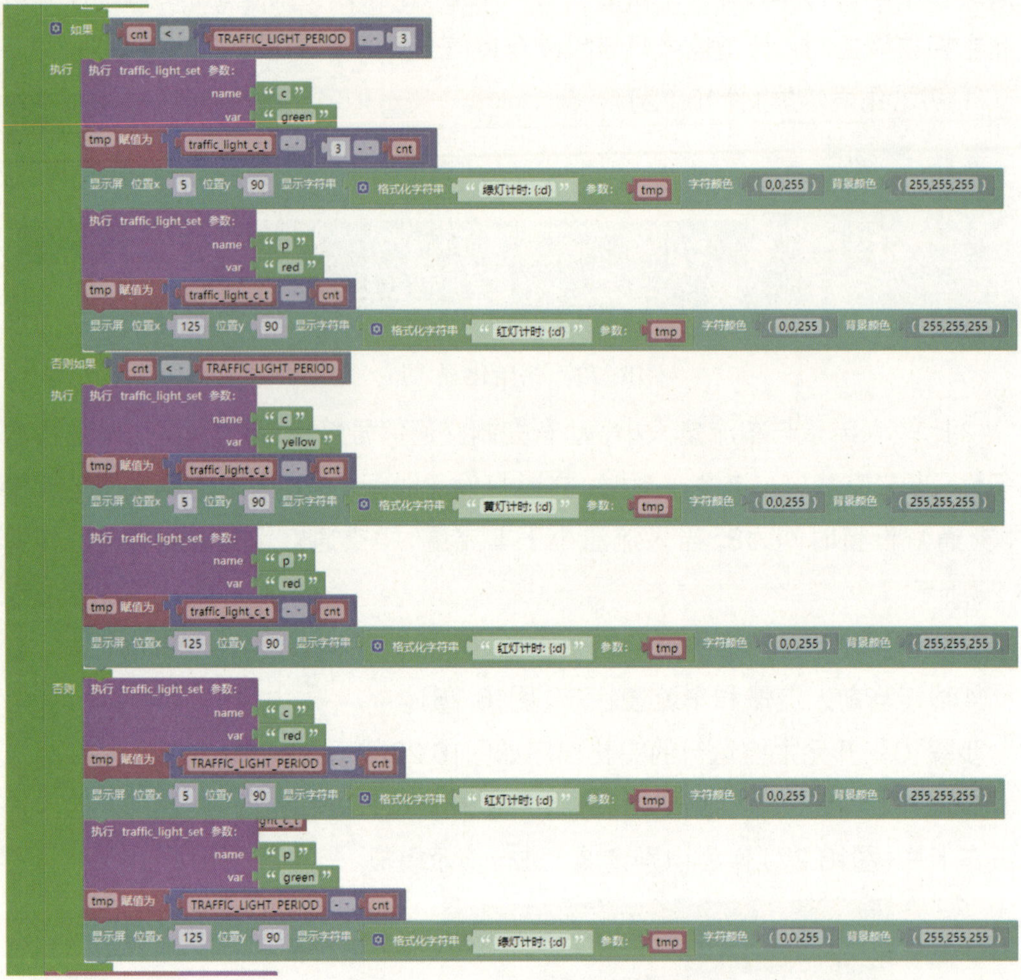

图16.24　显示当前红绿灯状态

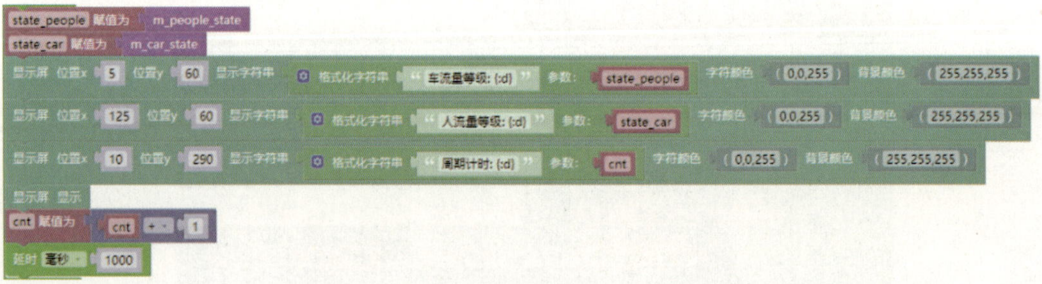

图16.25　显示当前人流量与车流量状态

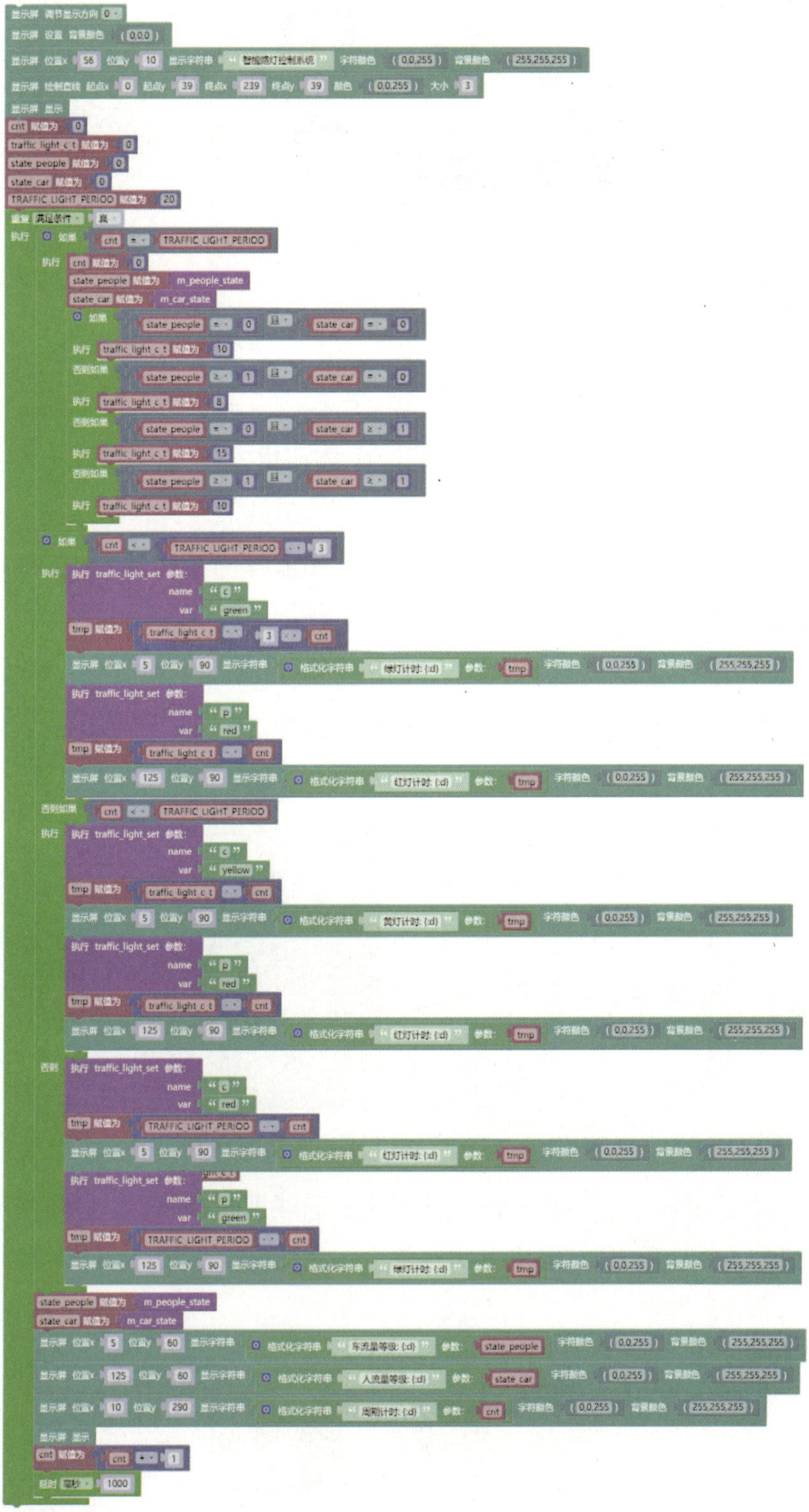

图16.26 完整程序

图16.27　检测卡片

拓展实践

　　智慧交通信号灯模拟控制装置可以使用数字化软件、三维软件、手工等方法进行设计与制作，需结合实际情况，选择合适的工具来设计模拟装置。设计时需结合真实交通场景，考虑如何固定、安装硬件和道具的结构件。以下是在具备制作加工条件的情况下完成的结构示例。

　　（1）使用数字化设计软件，如三维建模软件、平面设计软件，设计外观结构。本项目使用CAD平面设计工具，设计装置底板，并使用激光切割机切割亚克力材料制作底板（图16.28）。

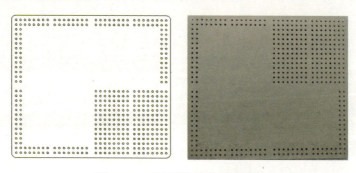

图16.28　平面设计软件示例

　　（2）使用三维设计软件设计开元主控器、启蒙视觉模块、交通灯等硬件的外壳（图16.29），并使用3D打印机打印制作。

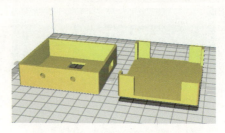

图16.29　三维设计软件示例

（3）制作道具模拟公路和人行道，作为公路信号灯路口，如图16.30所示。

图16.30 交通路口模拟道具

（4）安装结构部件，测试装置系统（图16.31）。

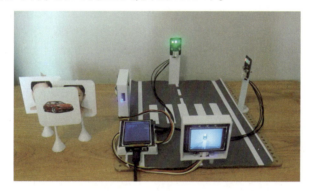

图16.31 系统整体结构

📝 记录成长

通过本项目的学习，你有哪些收获呢？在下表中记录下来。

学习的内容	完成度
理解计算机视觉检测人脸目标的原理及实现过程	☆☆☆☆☆
理解计算机视觉检测车辆目标的原理及实现过程	☆☆☆☆☆
会分析、设计基于车流量与人流量的智慧交通信号灯的控制算法	☆☆☆☆☆
结合硬件完成图形化编程，实现实时控制智慧交通信号灯的效果	☆☆☆☆☆
能依据已有条件，设计智慧交通信号灯装置	☆☆☆☆☆
其他收获：	